BERG PROPULSION

Peter Andryszak

NORDIC

NOTSCHLEPPER NORDSEE

Damit eine Havarie nicht zur Katastrophe wird

Koehlers Verlagsgesellschaft mbH
Hamburg

Alle hier nicht mit anderer Quelle benannten Abbildungen stammen vom Autor.

BUGSIER / Norbert Witing: Seite 93 unten 3. Bild, Seite 96/97 unten
FAIRPLAY / Miroslaw Szalczynski: Seite 29 unten, Seiten 34 und 35
Nationale Küstenwachen: Seiten 36 und 37
Karin Peters: Seite 9 kl. Bild
Frank Behling: Seite 10
Andreas Wulf: Seite 144 unten rechts, Seite 145 unten links, Seiten 146/147 unten, Seite 148, Seite 149 links, Seite 150, außer oben, Seite 151, außer oben, Seiten 152/153 oben, Seite 154, Seite 155, außer unten rechts und 3. Bild von oben, Seite 156, außer unten links und rechts, Seite 157, Seite 158, außer oben Mitte, Seite 159, außer unten, Seiten 162/163

Ein Gesamtverzeichnis der lieferbaren Titel schicken wir Ihnen gerne zu
Bitte senden Sie eine E-Mail mit Ihrer Adresse an:
vertrieb@koehler-books.de
Sie finden uns auch im Internet unter: www.koehler-books.de

Bibliografische Information der Deutschen Nationalbibliothek
Die Deutsche Nationalbibliothek verzeichnet diese Publikation in der Deutschen Nationalbibliografie; detaillierte bibliografische Daten sind im Internet über http://dnb.d-nb.de abrufbar.

ISBN 978-3-7822-1018-8

Layout und Produktion: Nicole Marquardt
Produktionsmanagement: impress media GmbH, Mönchengladbach

Printed in Germany

INHALT

1. KAPITEL – GRUNDLAGEN

2. KAPITEL – BAUZEIT

3. KAPITEL – DAS FERTIGE SCHIFF

4. KAPITEL – MODELLBAU

VORWORT

Die Einführung des neuen Notschleppers NORDIC am ersten Januar 2011 bedeutet für Deutschlands Fähigkeit, bei einem schweren Unfall auf See seine Küsten zu schützen, einen enormen Schritt nach vorn. Notschlepper sind hoch spezialisierte Schiffe, die von einem Küstenstaat bereitgehalten werden und bei einer großen Bandbreite von Schiffsunfällen, die den Lebensraum an den Küsten bedrohen, auf See zum Einsatz kommen. Von diesen Spezialschiffen gibt es relativ wenige. Jedes einzelne wurde an die besonderen Anforderungen des Landes oder Staates angepasst, das es schützen soll.

Die NORDIC ersetzt den bekannten Hochsee-Bergungsschlepper OCEANIC, der bei seiner Auslieferung an die Reederei Bugsier im Jahre 1969 eines der weltweit leistungsfähigsten und anspruchsvollsten Schiffe seiner Art war. Beide Schiffe werden auf viele Arten immer untrennbar miteinander verbunden sein. Auch wenn die OCEANIC, jetzt eine große alte Dame der See, kurz vor dem Ruhestand ist, konnte man in den fast 15 Jahren ihres Einsatzes als Notschlepper doch viele Erfahrungen sammeln.

Das Buch »NORDIC – Notschlepper Nordsee« von dem Autor und Fotografen Peter Andryszak beschreibt das Konzept des Notschleppers sowie Details der Planung, Entwicklung und Konstruktion der NORDIC, des aktuellsten Beispiels eines modernen Notschleppers. Das Projekt wurde sorgfältig dokumentiert und illustriert. Peter hat dieses Projekt von einem frühen Zeitpunkt an praktisch »mit gelebt« und war auch bei Einsätzen des Notschleppers OCEANIC mit dabei. Aus diesem Grund ist er besser als die meisten anderen dazu geeignet, auf seine unverwechselbare Art die Planung, Geburt und Inbetriebnahme der NORDIC zu beschreiben und zu fotografieren.

Die NORDIC ist das Ergebnis einer zehnjährigen sorgfältigen Planung von Bugsier und seinen Partnern in der Arbeitsgemeinschaft Küstenschutz (ARGE). Ihr Einsatzgebiet vor der deutschen Nordseeküste kann von unvorhersehbaren und gefährlichen Wetterlagen betroffen werden, was zu einem schweren und gefährlichen Seegang führen kann. Zusätzlich handelt es sich um ein zunehmend verkehrsreicheres Gebiet für Schiffsverkehre aller Art mit vielen potenziell gefährlichen oder umweltgefährdenden Ladungen. Bei einem Maschinenausfall oder einem anderen schwerwiegenden Vorfall könnte die Verfügbarkeit eines für einen solch speziellen Zweck entwickelten Notschleppers entscheidend sein, um eine schwere Umweltverschmutzung und/oder den Verlust von Menschenleben zu verhindern.

Viele wichtige Elemente beim Design der NORDIC basieren auf realen Erfahrungen mit der OCEANIC und anderen Hochseeschleppern ähnlichen Typs, insbesondere im Hinblick auf ihre Leistung bei schlechtem Wetter. Die Entwicklung des achteren Arbeitsdecks ist ein hervorragendes Beispiel dafür. Die Besatzung muss unabhängig von den Wetterbedingungen an Deck arbeiten können, um die lebenswichtige Schleppverbindung zu einem havarierten Schiff herzustellen. Es wurde eine Rumpfkonstruktion gewählt, die nicht nur das ermöglicht, sondern dem 78 Meter langen Schlepper zusätzlich noch eine Höchstgeschwindigkeit von fast 20 Knoten verschafft. Die Fähigkeit, bei einer Havarie schnell vor Ort zu sein und zum Herstellen einer Schleppverbindung exakt manövrieren zu können oder in Notfällen auch andere Hilfestellungen zu geben, ist extrem wichtig. Die NORDIC verfügt über einen Pfahlzug von über 200 Tonnen. Diese Schleppleistung soll sicherstellen, dass der Schlepper auch bei den größten Schiffen, die in deutschen Hoheitsgewässern unterwegs sind, eingesetzt werden kann.

Viele der oben genannten Eigenschaften teilen auch die Notschlepper anderer europäischer Küstenstaaten. Das Konzept wurde auch von anderen Ländern der Erde übernommen. Viele große Schiffsunfälle mit katastrophalen Folgen führten in den letzten 20 Jahren zum Einsatz von Notschleppern, um nationale Küsten zu schützen. In Großbritannien basiert die aktuelle Notschlepper-Bereitstellung auf Empfehlungen des Richters Lord Donaldson, die er 1994 in einem Bericht mit dem Titel »Safer Ships, Cleaner Seas« vorbrachte. Dieser Bericht, der sich mit dem Unfall des Tankers BRAER vor der Küste der Shetlandinseln 1993 befasst, wurde von der damaligen Regierung vollständig umgesetzt. Die Aussagekraft dieser Empfehlungen hat die Vorgehensweise vieler anderer Küstenstaaten in diesem Bereich beeinflusst.

Ebenso reagierte Spanien auf den Unfall des Tankers PRESTIGE im Jahre 2002, über den viel berichtet

wurde. Das Land startete ein umfangreiches Notfallschlepper-Entwicklungsprogramm. Im Rahmen dieses Programms nahmen verschiedene zweckgebundene Schiffe ihren Betrieb auf, die bei der Abwendung und Bekämpfung von Bedrohungen auf See und an den Küsten zum Einsatz kommen. Viele größere Schiffsunfälle, die zu einer verheerenden Ölverschmutzung an der französischen Küste führten, haben dafür gesorgt, dass eine gut ausgebaute Notschlepper-Verfügbarkeit eingerichtet wurde, die im Auftrag der Prefecture Maritime von kommerziellen Anbietern bereitgestellt wird. Auch Deutschlands Nachbarn, Schweden, Norwegen und die Niederlande, haben reichlich in diese Art von Küstenschutz investiert.

Auf Grundlage von Art und Umfang des Seeverkehrs in seinen Küstenregionen unternimmt jedes Land für sich eine eigene Abschätzung der Risiken für Havarien. In den Augen der Öffentlichkeit steht immer der Tankerverkehr im Vordergrund jeder Risikodebatte. In den letzten Jahren wurde jedoch deutlich, dass der massive Anstieg des Containerverkehrs und des Transports von Flüssigerdgas auch eine erhebliche Bedrohung für die Umwelt darstellen können. Ein sehr großes Containerschiff hat Bunkertanks, die ähnlich groß sind wie die Ladetanks bei einem Küstentanker, und es hat zusätzlich noch eine große Anzahl von Containern mit verschiedenstem Inhalt geladen; einschließlich Gefahrgut. Auch bei einem Unfall mit großen Personen- und Fahrzeugfähren kann unter Umständen Kraftstoff auslaufen, ein Feuer ausbrechen und eine große Personenanzahl in Gefahr geraten.

Der Betreiber eines Notschleppers muss auf all diese Situationen vorbereitet sein und sie auch bewältigen können. Das Projektteam, das für die Entwicklung und Ausrüstung der NORDIC verantwortlich ist, hat gute Arbeit geleistet, um sicherzustellen, dass das neue Schiff in vielen der oben erwähnten Situationen eine echte Hilfe ist. Es wurde insbesondere darauf Wert gelegt, dass die NORDIC auch dann in explosionsgefährdeten Atmosphären eingesetzt werden kann, wenn die meisten anderen Einsatzfahrzeuge zum Aufgeben gezwungen wären. Solche atmosphärischen Bedingungen könnten zum Beispiel vorliegen, wenn ein Chemietanker in einen Unfall verwickelt ist und gefährliche Dämpfe oder, bei Mineralölerzeugnissen oder Flüssigerdgas, leicht entflammbare Gase austreten. Die NORDIC verfügt über anspruchsvolle Systeme zur Erkennung von Gefahren durch Chemikalien und ist in der Lage, zum Schutz für Besatzung und Verletzte mit »Zitadellen«-Bereichen in einem »Verschluss«-Zustand zu arbeiten.

Es wurden umfangreiche Vorkehrungen getroffen, um eine große Anzahl von Verletzten in geräumigen und hervorragend ausgestatteten Räumen innerhalb des geschützten Bereichs der Unterkünfte behandeln zu können. Durch ein Luftschleusensystem ist es den Verletzten möglich, noch während sich das Schiff in einer kontaminierten Atmosphäre befindet, die Schutzräume zu betreten. Die NORDIC kann über Zeitspannen von mindestens acht Stunden in diesem »abgeschlossenen« Zustand eingesetzt werden. Die Haupt- und Hilfsmaschinen wurden an den Betrieb im »Saugmotoren«-Modus angepasst, während das Schiff im Verschlusszustand arbeitet. Viele Teile der Ausrüstung sind einmalig und zeigen deutlich, dass außergewöhnliche Wege gegangen wurden, damit die NORDIC auch mit den schwersten Unfällen fertig werden kann.

Genau wie alle anderen Notschlepper auch, verbringt die NORDIC einen großen Teil ihrer Zeit mit Kontrollfahrten oder vor Anker auf ihrer Bereitschaftsposition. Eine wichtige Nebenrolle werden das Schiff, die Besatzung und die umfangreiche Ausrüstung bei der Ausbildung von Nachwuchs für die Handelsschifffahrt einnehmen. Eine Unterbringungsmöglichkeit für Auszubildende und ihre Ausbilder ist vorhanden. In Zukunft soll diese wichtige Einrichtung zu einer Bereitstellung gut ausgebildeter Seeleute beitragen.

»NORDIC – Notschlepper Nordsee« ist eine willkommene Ergänzung nicht nur in den Bücherregalen derer, die ein besonderes Interesse an Notschleppern, Schleppern und Küstenschutz haben, sondern auch für Menschen mit einem breiten Interesse an Schiffen und der See.

M. J. Gaston – IEng MIET
Februar 2011

WARUM VON MIR DIESES BUCH?

Als ich vor einigen Jahren meinen Tätigkeitsbereich der tagesaktuellen Berichterstattung verließ, um in intensivere Themenarbeiten einzusteigen, stand ich vor der Frage: »Was nun?« Sollte ich mich Themen zuwenden, die mir einen möglichst großen wirtschaftlichen Nutzen versprachen, oder doch lieber nach dem schauen, was mir inhaltlich näher lag? Das Inhaltliche hat gesiegt. Tiere, Natur, Wasser, Nordsee und die Schifffahrt, alles zusammen und jedes für sich richtige Herzensangelegenheiten für mich.

Der Bereich Küstenschutz – insbesondere in Verbindung mit den herrschenden Gefahren von See her – bot sich hier geradezu an. Was lag da näher, als sich mit den Schiffen zu befassen, deren Aufgabe es ist, die Küste und all ihre Bewohner zu schützen. So besuchte ich unter anderen die Neuwerk, die Mellum, die Fairplay 26 und auch die Oceanic. Eine neue Liebe war geboren.

Der alte Bergungsschlepper faszinierte mich. Ich empfand ihn als ausgesprochen schön und seine vielseitige und auch spannende Vergangenheit höchst interessant. Zumal ausgerechnet dieses Schiff dafür zuständig war, Gefahren von meiner geliebten Nordseeküste fernzuhalten. Ich hatte mein neues Thema gefunden.

Nun bin ich viele Jahre nah dran, habe die Oceanic kennen- und schätzen gelernt, viel Zeit mit ihr auf See verbracht und die kontroverse Diskussion um die Leistungsmerkmale eines adäquaten Notschleppers verfolgt. Ganz klar, dass ich mich auch für die Nachfolgerin der Oceanic – die Nordic – interessierte. Nun bringe ich sogar ein Buch über sie heraus – mit vielen, vielen Fotos.

Das nämlich ist meine Berufung. Ich möchte den Menschen zeigen, was um sie herum ist, und gerne auch das, was sie sonst nicht sehen können. Statt in Worten drücke ich mich lieber in Fotos aus. Bilder, die jeder verstehen kann und ihn manchmal auch rätseln lassen. Bilder, die dem Alltäglichen wie dem Ungewöhnlichen gleiche Aufmerksamkeit schenken und beides zu einem Erlebnis werden lassen.

Dieses Buch möchte den Leser mitnehmen in die Welt des Schiffbaus, ihm Eindrücke verschaffen, als wenn er selbst dabei gewesen wäre. Es soll ihm Gelegenheit bieten, hier und da einen Blick in die Produktion zu werfen, Prozesse zu verstehen und quasi mitzuerleben, wie ein ganz besonderes Schiff entsteht – ein Schiff, das in seiner Konstruktion einzigartig ist und dessen Aufgabe als Notschlepper für den Schutz der deutschen Nordseeküste von größter Bedeutung ist.

Die Schönheit der Natur und das Recht ihrer Bewohner auf ein ungestörtes Leben sind es, die ein solches Schiff mit all seinen Möglichkeiten und Fähigkeiten mehr als nur rechtfertigen. Ich würde mich freuen, wenn ich mit diesem Buch auch Ihr Interesse für dieses wichtige Anliegen wecken kann.

Oldenburg, im Februar 2011
Peter Andryszak

KÜSTENSCHUTZKONZEPT

Lehren aus einer herbeigeführten Katastrophe

PALLAS-Havarie

Bis Mitte Oktober 1998 scheint die maritime Welt in der Deutschen Bucht noch in Ordnung. Dann aber ändert sich die Sicht auf die Lage dramatisch. Etwa 60 Seemeilen westlich vom dänischen Esbjerg bricht am frühen Nachmittag des 25. Oktobers auf dem mit Holz beladenen italienischen 10.000-Tonnen-Frachter PALLAS ein Feuer aus. Es gelingt der 17-köpfigen Besatzung des rund 147 Meter langen Schiffes nicht, den Brand unter Kontrolle zu bringen. So müssen die Seeleute noch in der folgenden Nacht unter schwierigsten Bedingungen bei schwerem Wetter mit Hubschraubern abgeborgen werden. Dabei findet einer von ihnen den Tod. Ein weiterer wird schwer verletzt. Der Havarist ist nun vollkommen ohne Besatzung.

Am Mittag des folgenden Tages erreichen mehrere Bergungs- und Hilfsschiffe den Havaristen und beginnen mit der Brandbekämpfung. Mehrere Abschlepp-Versuche bleiben bei bis zu neun Meter hohen Wellen über Tage hinweg erfolglos. Die PALLAS mit ihren 600 Tonnen Schweröl und bis zu 150.000 Liter Dieselöl an Bord vertreibt südostwärts, gerät knapp sechs Seemeilen westlich von Amrum an eine Untiefe zwischen Rütergat und Vortrapptief und setzt sich am 29. Oktober endgültig fest. Durch nun austretendes Öl entstehen erhebliche Gewässer- und Strandverunreinigungen, denen neben ungezählten anderen Tieren zwischen 10.000 und 16.000 Seevögel zum Opfer fallen.

Das Geschehen um die Havarie der PALLAS hat gezeigt, dass eine effektive Koordinierung der zuständigen Behörden für die Abwehr der von Havarien ausgehenden Gefahren essenziell ist. So wird vom Bundesministerium für Verkehr, Bau und Stadtentwicklung (BMVBS) am 10. Februar 1999 zunächst eine unabhängige Untersuchungskommission unter Leitung von Senator a. D. Claus Grobecker eingesetzt. Die zehnköpfige Kommission besteht zudem aus dem Hamburger Seerechtsanwalt Wolfgang Paull, dem Wismarer Professor für Schiffstheorie Knud Benedict, je einem Vertreter aus den Bundesministerien für Umwelt und Verkehr sowie je einem Regierungsvertreter aus den fünf Küstenländern und erhält den Auftrag, unter Auswertung des Havariegeschehens eine umfassende Bewertung des bisherigen Notfallkonzeptes vorzunehmen.

Der Bericht der »Grobecker-Kommission« wird ein Jahr später, am 16. Februar 2000, vorgelegt. Er enthält 30 konkrete Empfehlungen zur Fortentwicklung des Notfallkonzeptes und zur Sicherheit der Seefahrt, wie auch zum Seerecht und Seeversicherungsrecht. Anhand dieser Empfehlungen richtet

anschließend das BMVBS im Auftrag der Bundesregierung eine ressortübergreifende Projektgruppe ein, die unter Beteiligung der Küstenländer konkrete Maßnahmen zur Optimierung der maritimen Notfallvorsorge erarbeiten soll.

Sicherheitskonzept Deutsche Küste*

Das BMVBS entwickelt zusammen mit der ihm unterstehenden Wasser- und Schifffahrtsverwaltung (WSV) ein »Sicherheitskonzept Deutsche Küste«, das jährlich fortgeschrieben wird. Es besteht aus einer Vielzahl von untereinander verzahnten Komponenten, die jeweils einzeln, insbesondere aber in der Summe betrachtet, einen Beitrag zum maritimen Schutz leisten.

Das Konzept unterscheidet nach Präventiv- und Bekämpfungsmaßnahmen und umfasst die Aufgabenfelder »sicheres Schiff«, »sicherer Verkehrsweg« und »optimiertes Unfallmanagement«. Es beinhaltet auch Maßnahmen, für die andere Organisationen wie das Bundesamt für Seeschifffahrt und Hydrographie (BSH), die Seeberufsgenossenschaft (SeeBG), das Havariekommando (HK) oder die Deutsche Gesellschaft zur Rettung Schiffbrüchiger (DGzRS) zuständig sind. Primär zielt es auf

* Quelle: Sicherheitskonzept Deutsche Küste 2009; zu finden unter: www.bmvbs.de

Havarie der MARITIME LADY auf der Elbe vor Brunsbüttel Dezember 2005

die Vermeidung von Schiffsunfällen ab und verfügt über folgende Einzelkomponenten:

Präventive Maßnahmen der WSV durch Verkehrsvorschriften, -wegeführung und -sicherung, Meldesysteme und -verfahren, Lotsenpflicht, Vollzug und schifffahrtspolizeiliche Präsenz, Ausdehnung der Hoheitsgewässer, Verfügbarkeit von Notschleppkapazitäten auf See und Zugriff auf Schlepper in den Revieren, Zugriff auf Leichter und Entsorgungskapazität, Point of Contact und Unfall- wie Havarievorsorge.

Maritimes Notfallmanagement durch Havariekommando, verkehrsbezogenen Brandschutz, Schadstoffunfallbekämpfung, Luftüberwachung, gemeinsames maritimes Sicherheitszentrum.

Weitere Komponenten im Rahmen der Bundesaufgaben wie Hafenstaatkontrolle, Schiffssicherheit, Schiffsbesetzung, Rettung von Menschenleben und Umsetzung des MARPOL-Übereinkommens.

Maritimes Sicherheitszentrum (MSZ)

Am 6. September 2005 unterzeichnen das Bundesinnenministerium (BMI) und die norddeutschen Küstenländer (Innenministerien/-ressorts) die »Verwaltungsvereinbarung über die Errichtung eines Maritimen Sicherheitszentrums« (VV-MSZ). Die VV-MSZ regelt die Zusammenarbeit der maritimen Sicherheitsbehörden (Bundespolizei, Zollverwaltung, Fischereiaufsicht, WSV, Wasserschutzpolizeien der Küstenländer) untereinander sowie mit dem Havariekommando und dem »Point of Contact« (PoC). Die Partner richten dafür unter Beibehaltung der bestehenden Zuständigkeiten ein »Maritimes Sicherheitszentrum« (MSZ) in Cuxhaven als »optimiertes Netzwerk« ein. Sie können ihre originären Einsatzmittel nun übergreifend koordinieren. Im Alltagsbetrieb bleiben die jeweiligen Strukturen der zuständigen Behörden erhalten. Die Federführung zur Umsetzung der Vereinbarung liegt beim BMVBS.

Gemeinsames Lagezentrum See (GLZ See)

Als erster Schritt auf dem Weg zum MSZ wird am 16.01.2007 in den Räumen des Wasser- und Schifffahrtsamtes (WSA) Cuxhaven ein »Gemeinsames Lagezentrum See« (GLZ See) offiziell in Betrieb genommen. GLZ See stellt den operativen Kern des MSZ dar. Hier versehen die Wachhabenden der einzelnen Behörden rund um die Uhr gemeinsam ihren Dienst. Sie führen ein gemeinsames Tagebuch, tauschen Informationen aus, gründen ihre Lagebewertungen auf den gesammelten Erkenntnissen, verbessern und beschleunigen die Zusammenarbeit, koordinieren den Einsatz der Kräfte und schaffen durch einen optimierten Alltagsbetrieb eine verbesserte Plattform im Falle einer Sonderlage.

Der optimierten Zusammenarbeit dient das gemeinsame Lagebild als Datenplattform. Alle Behörden stellen laufend ihre lagerelevanten Informationen, die von allgemeinem Interesse sind, in das gemeinsame Lagebild ein. Die Verantwortung für die zeitgerechte und umfassende Bereitstellung der Daten obliegt den erfassenden Behörden und Einrichtungen.

Havarie der Algoma Discovery
auf der Weser vor Harrier Sand
September 2009

Im GLZ See sind die operativen Kräfte des Bundes und der Küstenländer für maritime Sicherheit vertreten. Dazu gehören das Maritime Lagezentrum (MLZ) des Havariekommandos, die Leitstellen der Bundespolizei, des Zolls und der Fischereiaufsicht sowie die seit August 2002 bestehende Leitstelle der Wasserschutzpolizeien der Küstenländer und die WSV, einschließlich des internationalen Kontaktpunktes »PoC«. Die Marine ist mit einem Verbindungsoffizier präsent. Jährlich wechselnd wird zwischen Bund und Ländern für den Alltagsbetrieb ein Koordinator bestimmt. Die Einsätze werden unter der Führung der jeweils zuständigen Behörde abgewickelt.

Im August 2007 wird der seit Juli 2004 bestehende und beim WSA Wilhelmshaven angesiedelte »Point of Contact« als zentrale Kontaktstelle für die Schifffahrt ins GLZ See verlagert. Von dort aus nimmt er seine Aufgaben als Kommunikations- und Informationsdrehscheibe für Security-Fragen wahr.

Nach der baulichen Fertigstellung des MSZ auf dem WSA-Gelände in Cuxhaven soll das jetzt noch provisorisch untergebrachte GLZ See in dem Gebäude integriert und mit moderner Einsatzleittechnik ausgerüstet werden.

Das Havariekommando (HK)

Die Empfehlungen der »Grobecker-Kommission« und die daraufhin vom BMVBS eingerichtete Projektgruppe »Maritime Notfallvorsorge« führen mit Beteiligung der Länder zur »Vereinbarung des Bundes mit den Küstenländern über die gemeinsame Einrichtung des Bundes und der Küstenländer ›Havariekommando‹ (HK)« und deren Umsetzung zum 1. Januar 2003 in Cuxhaven. Fachliche Basis sind die bereits bestehenden »Sonderstellen« des Bundes (SBM) und der Länder (SLM) zur Bekämpfung von Meeresverschmutzungen. Das Havariekommando untersteht direkt der Fach- und Dienstaufsicht des BMVBS und gliedert sich organisatorisch dem WSA Cuxhaven an.

Das HK selbst besteht mit seinen 40 Mitarbeitern aus dem permanent besetzten Maritimen Lagezentrum (MLZ) und dem Kompetenzzentrum mit seinen Fachbereichen »Schadstoffunfallbekämpfung See«, »Schadstoffunfallbekämpfung Küste«, »Brandbekämpfung/Verletztenversorgung« und »Öffentlichkeitsarbeit«. Im Mittelpunkt steht dabei das MLZ. Rund um die Uhr wird hier die Lage auf Nord- und Ostsee beobachtet. Alle für die Bekämpfung einer »komplexen Schadenslage« wichtigen Informationen werden gesammelt, aufbereitet, bewertet, gesteuert und, falls erforderlich, Alarmierungen ausgelöst und Sofortmaßnahmen eingeleitet. Bei diesen Datensammlungen fließen auch Informationen der Nord- und Ostseeanrainerstaaten mit ein.

Seit Anfang 2006 unterstützt das »Safe-Sea-Net«, ein europaweiter Datenverbund über Gefahrguttransporte, diese Arbeit. Das MLZ veröffentlicht einmal täglich das »Maritime Lagebild für die Nord- und Ostsee« mit einer Übersicht der Einsatzfahrzeuge sowie besonderer Vorkommnisse.

Gemeinsames Lagebild
im GLZ See

Abwinschen eines Feuerwehrmannes auf einen Havaristen; Gasschutzübung auf der Jade

Die Fachbereiche Schadstoffunfallbekämpfung »See« und »Küste«, die beide zuvor in den Sonderstellen SBM und SLM organisiert waren, und der erst mit Einrichtung des HK entstandene Fachbereich »Brandschutz/Verletztenversorgung« erarbeiten die jeweils denkbaren Aspekte einer Havarie und stellen Vorgehensweisen für den Einsatzfall auf. Der Fachbereich Presse- und Öffentlichkeitsarbeit ist für die Außendarstellung des HK und vor allem für die Koordinierung der Öffentlichkeitsarbeit während einer »komplexen Schadenslage« zuständig.

Die Bewältigung »komplexer Schadenslagen« auf See, die früher in den Zuständigkeitsbereich des jeweils örtlich zuständigen WSA fiel oder in besonders schweren Fällen dem Katastrophenstab Nord-/Ostsee oblag, wird seit Januar 2003 vom HK wahrgenommen. Es beruft in solchen Fällen einen Havariestab ein, der das einheitliche und koordinierte Vorgehen aller auf See und im Küstenbereich zuständigen Einsatzkräfte des Bundes und der Küstenländer ermöglicht. In der Einsatzorganisation besetzen Mitarbeiter des Kompetenzzentrums innerhalb von maximal 45 Minuten den in vier Stabsbereiche (Administration, Lage, Einsatz, Pressearbeit) gegliederten Havariestab. Der Leiter des HK übernimmt als Gesamteinsatzleiter auch die Leitung des Havariestabes. Somit ist für die Dauer des Einsatzes eine einheitliche Organisations- und Führungsstruktur zur Bewältigung der Situation gegeben.

Eine »komplexe Schadenslage« auf See liegt laut Staatsvertrag zwischen Bund und Küstenländern vor, wenn *»... bei einem Ereignis eine Vielzahl von Menschenleben, Sachgüter von bedeutendem Wert, die Umwelt oder die Sicherheit und Leichtigkeit des Schiffsverkehrs gefährdet sind oder eine Störung dieser Schutzgüter bereits eingetreten ist und zur Beseitigung dieser Gefahrenlage die Mittel und Kräfte des täglichen Dienstes nicht ausreichen oder eine einheitliche Führung mehrerer Aufgabenträger erforderlich ist«.*

Eine Vielzahl internationaler Vereinbarungen regelt das grenzüberschreitende Vorgehen.

Schadstoffunfallbekämpfung

Eine der zentralen Aufgaben des HK ist die Schadstoffunfallbekämpfung. Hierbei handelt es sich um eine gemeinsame Aufgabe des Bundes und der Küstenländer. In Deutschland stehen dafür derzeit 23 Schiffe zur Verfügung – acht Bundesschiffe und 15 aus den Küstenländern. Hinzu kommen noch verschiedene Typen von Ölsperren, Ölskimmern, Separatoren und weitere Bekämpfungsgeräte, die in verschiedenen Depots entlang der Küste bereitstehen und schnell zum Einsatzort gelangen können. Zudem kann auch auf die örtlichen Feuerwehren und das Technische Hilfswerk (THW) zugegriffen werden.

Das HK listet alle Geräte im sogenannten »Vorsorgeplan Schadstoffunfallbekämpfung« (VPS) auf

Von links nach rechts: MZS LEYHÖRN; GS MELLUM beim Auslegen einer Ölsperre; Ausgelegte Ölsperre auf der Jade; MZS »ÖSK 1«; KM WESTENSEE; MS KNECHTSAND; Ölbekämpfungseinheit ODIN/LÜTTMOOR; Tank-/Klappschiff THOR; Ölbekämpfungsübung auf der Jade mit LÜTTMOOR

und aktualisiert diese Datenbank fortlaufend. Darin enthalten sind auch Karten und Fotos von der gesamten deutschen Küste, Zuwegepläne und Erreichbarkeiten sowie ein Bekämpfungshandbuch und ein Einsatztagebuch. Einen besonderen Schatz stellen die »Sensitivitätskartierungen« dar. Anhand dieser Karten können jederzeit Bekämpfungsprioritäten festgestellt werden, das heißt, ob ein Bereich an der Küste aus Tier- oder Umweltschutzgründen vordringlich vor Schadstoffen geschützt werden muss.

Darüber hinaus sind schon seit Januar 1986 täglich zwei Flugzeuge im Einsatz, um illegale Schadstoffeinleitungen in Nord- und Ostsee zu sichten – auch grenzüberschreitend. Die Ölaufklärung aus der Luft geschieht heute in enger Zusammenarbeit zwischen dem HK und dem Marinefliegergeschwader 3 (MFG 3) der Deutschen Marine in Nordholz. Das HK stellt dabei die beiden Maschinen, bezahlt die Infrastruktur und das Personal. Betrieben werden die zweimotorigen Propellerflugzeuge vom Typ Dornier DO 228 jedoch durch die 13 Piloten und neun Operateure und Techniker des »MFG 3«.

Ein besonderes Augenmerk bei den Kontrollflügen liegt auf Schifffahrtswegen, Öl- und Gasbohrplattformen, Fischfanggründen und in der Nordsee auf dem Wattenmeer. Die mit modernen Sensoren ausgerüsteten Flugzeuge sind technisch in der Lage, Meeresverschmutzungen oder ähnliche Phänomene bis zu einer Entfernung von 40 Kilometern beidseitig des Flugweges zu erfassen, zu verifizieren, zu klassifizieren und nötigenfalls Beweismittel für die Strafverfolgungsbehörden zu fertigen.

Notliegeplatz

Die im Mai 2005 zwischen der Bundesregierung und den fünf deutschen Küstenländern geschlossene Notliegeplatzvereinbarung (NLV) sieht keine ausdrückliche Ausweisung von Notliegeplätzen vor. Vielmehr wird darin grundsätzlich jede geschützte Wasserfläche als geeignet angesehen. Entsprechend diesem Konzept legt das Havariekommando eine umfassende Datensammlung mit den Eigenschaften aller in Frage kommenden Liegeplätze für Schiffe in komplexer Schadenslage an und pflegt sie. Die Zuweisung eines Notliegeplatzes erfolgt durch eine enge Zusammenarbeit zwischen dem Leiter des HK, dem betroffenen Hafenkapitän, des zuständigen WSA's und dem Rechtsdezernat der örtlich zuständigen Wasser- und Schifffahrtsdirektion (WSD). Sollten sich die Beteiligten nicht einigen können, kann der Leiter des HK einen Notliegeplatz zuweisen. Informationen über mögliche Notliegeplätze sind demnach mit den Nachbarstaaten auszutauschen, um diese in die Entscheidung einzubeziehen. Die Kosten, die durch die Nutzung eines Hafens als Notliegeplatz entstehen, werden zur Hälfte vom Bund getragen. Der Rest verteilt sich nach einem Kostenschlüssel auf die Küstenländer.

HK-Leiter Monsees gibt ein Interview; Tägliche Überwachung der Situation auf Nord- und Ostsee per Flugzeug

Schleppübung mit BMS OCEANIC; Notschlepper müssen bei allen Wettern einsatzbereit sein

NOTSCHLEPP-KONZEPT

Damit eine Havarie nicht zur Katastrophe wird

»Notschleppen« ist hier als Hilfeleistung eines vom Bund vorgehaltenen Schleppschiffs (Notschlepper) zu verstehen, das zu einem in der See manövrierunfähig treibenden Schiff eine Schleppverbindung herstellt und es damit in See hält oder verschleppt. Dieses »kontrollierte Driften« wird so lange betrieben, bis die Manövrierfähigkeit des Havaristen wieder hergestellt ist, ihn kommerzielle Bergungsschlepper gefahrlos übernehmen können oder die Bedrohung auf andere Weise beseitigt werden kann, um mögliche Schäden (z.B. durch eine Strandung) zu verhindern.

In einem Punkt sind sich alle Kritiker zur PALLAS-Havarie einig: Die vor Ort beteiligten Männer zeigen äußerste Einsatzbereitschaft, sind hochqualifiziert und haben besonderen Mut, sei es in den Hubschrauber- oder den Notschlepperbesatzungen. Sie sind es, die auch bei Feuersbrunst, schwersten Wettern und unklarer Gefahrenlage spontan entscheiden müssen, was zu tun ist und was besser zu bleiben hat. Später, vom Schreibtisch aus betrachtet, mag da manches nicht wirklich optimal und richtig gelaufen sein. Aber vor Ort gilt es, im Havariefall bei starken Winden und hohen Wellen mit von Menschen nur schwer beherrschbaren Massen und deren Kräften möglichst verlustfrei umzugehen.

Die Erkenntnis, dass rasche Schlepperhilfe für die Bewältigung vieler Havariekonstellationen entscheidend sein kann, hat die Bundesregierung

Abholung »Boarding-Team« von BMS OCEANIC; Tanker-»Stand-by« durch GS MELLUM

2000/2001 veranlasst, das nationale Notschleppkonzept überarbeiten zu lassen und eine dem Risikopotenzial in Nord- und Ostsee angemessene Pfahlzugkapazität sicherzustellen. Die darin vorgesehenen Positionen und Liegeplätze der Notschlepper orientieren sich an den potenziell kritischen Verkehrsschwerpunkten. Diese Strategie soll es ihnen ermöglichen, Havaristen in maximal zwei Stunden zu erreichen.

In der Nordsee gibt es drei Notschlepper, wobei die bundeseigenen Schiffe GS MELLUM und GS NEUWERK das Rückgrat des Konzeptes bilden. Ab Windstärke acht beziehen sie Bereitschaftspositionen bei Helgoland und Süderoogsand. Die BMS OCEANIC liegt auf »Stand-by« nördlich Norderney und kreuzt ab Windstärke acht. Darüber hinaus besteht eine Vereinbarung zwischen der Bundesrepublik und den Niederlanden über die gegenseitige Unterstützung und Ergänzung im Bereich des Notschleppens.

In der Ostsee kann auf fünf Notschlepper zugegriffen werden: die bundeseigenen Schiffe MZS SCHARHÖRN und MZS ARKONA sowie die privaten Notschlepper MS FAIRPLAY 25, MS FAIRPLAY 26 und MS BÜLK (MS KIEL).

Die Herstellung einer Schleppverbindung zu einem havarierten Schiff kann problematisch sein. Auf der OCEANIC steht dafür ständig ein vierköpfiges »Boarding-Team« zur Verfügung. Es kann bei Einsätzen per Hubschrauber auf dem Havaristen abgesetzt werden. Das Ostsee-»Boarding-Team« ist innerhalb einer Stunde einsatzbereit.

Um im Notfall jederzeit gerüstet zu sein, hat die WSV mit den deutschen Schleppreedereien eine Vereinbarung getroffen, die ihr den unmittelbaren Zugriff auf etwa 60 private Schlepper erlaubt. Außerdem bestehen für den Fall, dass Leichterungsmaßnahmen erforderlich sein sollten, Rahmenvereinbarungen mit zwei Tankschiffsreedereien und einer Makleragentur über die Beschaffung von Leichter- und Entsorgungstankern.

Notschleppübung in Warnemünde mit FAIRPLAY 26; Helikopter als Versetzmittel; Notschleppübung auf der Westerems mit BMS OCEANIC und GS MELLUM

BISHER EINGESETZTE NOTSCHLEPPER FÜR DIE NORDSEE

Gerüstet für den beherrschbaren Fall

OCEANIC

Sie ist eine der namhaftesten Bergungsschlepper Deutschlands: die BMS OCEANIC. Von 1996 bis 2010 wurde sie vom Bund als Notschlepper für die Deutsche Bucht gechartert. Anfangs war sie bei Helgoland, später vor Norderney positioniert. Trotz ihres Alters von 41 Jahren ist sie immer noch ein beliebtes Objekt für viele Modellbauer.

OCEANIC
Technische Daten:

Länge: 87,5 m
Breite: 14,35 m
Tiefgang: 7,3 m
BRZ: 2.294 t
Pfahlzug: 179,4 t
Geschwindigkeit: 17,5 kn
Bauwerft: Schichau Bremerhaven
Indienststellung: 1969
Besatzung: 13 + 4 Boarding Team
Hauptmotoren: 2 x DEUTZ SBV 12 M 640
Leistung: 9.700 kW
Antrieb: 2 Verstellpropeller in festen Kort-Düsen
Schleppgeschirr: Doppelschleppwinde 380 t Bremslast, Schleppdraht 2 Stück/ 1.800 m Länge, 68 mm Ø, 420 t Bruchlast
Feuerlöschkapazität: 3 Monitore mit je 700 m³/h

Gewässerschutzschiff GS Neuwerk; Gewässerschutzschiff GS Mellum; Motorbergungsschlepper BMS Oceanic in Fahrt

Mellum
Technische Daten:

Länge: 80,45 m
Breite: 15,11 m
Tiefgang: 5,80 m
BRZ: 2.546 t
Pfahlzug: 100 t
Geschwindigkeit: 16 kn
Bauwerft: Elsflether Werft AG
Baujahr: 1984
Besatzung: 16 + 30 Einsatzkräfte
Hauptmotoren:
4 x MAK-Diesel
Leistung: je 1.655 kW = 6.620 kW
Antrieb: 2 Verstellpropeller in Kortdüsen, 2 Flossenruder, 1 Bugstrahl (1.150 kW)
Schleppgeschirr: Schleppwinde 35 t Zugkraft, Bremswinde 300 t, Seil-Ø 62 mm, 1.000 m Länge
Löschmonitore: 4 x 4.000 l/min, 1 x 20.000 l/min, 1 x 2.500 l/min

Mellum

Seit 1984 ist das Flaggschiff des WSA Wilhelmshaven, die GS Mellum, als Multifunktionsschiff im Einsatz. Die Idee zu einem solchen Schiff entstand 1982. Das »Mulitalent« sollte dem maritimen Umweltschutz mit gebührender Technik Rechnung tragen. An den Baukosten von rund 38,5 Mio. DM beteiligten sich die vier Nordsee-Küstenländer. Inzwischen ist die Mellum mehrfach modernisiert und nachgerüstet worden.

NEUWERK

Bei ihrer Indienststellung im Juli 1998 präsentierte sich die GS NEUWERK mit ihrem innovativen Gas- und Explosionsschutz weltweit als Novität. Das Schadstoffunfall-Bekämpfungsschiff (SUBS) ist im Rahmen einer wirtschaftlichen Nutzung als Mehrzweckeinheit konzipiert. Taufpatin war übrigens die damalige Umweltministerin und jetzige Kanzlerin Dr. Angela Merkel.

Neuwerk
Technische Daten:

Länge: 78,91 m
Breite: 18,63 m
Tiefgang: 5,79 m
BRT: 3.422 t
Pfahlzug: 110 t
Geschwindigkeit: 15 kn
Bauwerft: Volkswerft Stralsund
Baujahr: 1998
Besatzung: 16 + 34 Einsatzkräfte
Hauptmotoren:
3 x MTU 16 V 595 TC 50
Leistung: 3.000 kW bei 1.500 UpM
Antrieb: 2 Ruderpropeller in Düse Ø 300 cm mit 4 Flügeln, 1 Pumpjet
Schleppgeschirr: Friktions-Schleppwinde 200 t Bremslast, Schleppseildurchmesser 62 mm, 1000 m Schleppseillänge
Löschmonitore: 2 x 1.200 m³/h, Peildeck 2 x 300 m³/h achterlich

RUND UM DIE UHR AUF STAND-BY IN DER NORDSEE

Arbeitsalltag auf dem Notschlepper OCEANIC

Immer alle 28 Tage und meistens morgens um 7.30 Uhr – in diesem Rhythmus bietet sich den Besuchern an der Cuxhavener Alten Liebe ein Schauspiel der besonderen Art. Aus nordwestlicher Richtung rauscht ein Schiff auf den Hafen zu, das nicht nur durch seine äußere Erscheinung auffällt. Es bringt auch ein großes Stück eigener Schifffahrtsgeschichte mit: die BMS OCEANIC. Sie ist eines der bekanntesten Schiffe an der deutschen Nordseeküste und seit März 1996 an das Bundesverkehrsministerium als Notschlepper in der Nordsee verchartert.

Interessiert verfolgen die Zuschauer am Schiffsanleger ein Stück Alltagsroutine. Mannschaftswechsel, Abgabe von Müll und Aufnahme von Frischwasser, Bunker und Verpflegung stehen jetzt auf dem Programm. Am Nachmittag geht es dann wieder Richtung Bereitschaftsposition nördlich von Norderney. Diesmal mit einem Foto-Journalisten als Passagier an Bord. 18 Uhr, Abendessen!

Gute Verpflegung ist wichtig, sind sich alle meine Tischpartner in der Offiziersmesse einig. Es kommen angeregte Gespräche auf. Wohl auch, weil ich mit rausfahre und auch länger an Bord bleibe, als sie es sonst von »Presseleuten« gewohnt sind. Wer bist du, was machst du, wie lange schon dabei und andere Themen ergeben sich wie von selbst.

Für den größten Teil der Mannschaft ist jetzt Feierabend. Auch für den Koch. Dreimal am Tag muss Alfons Seidel eine warme Mahlzeit zubereiten – unabhängig davon, wie stark der Wind bläst und wie hoch die Wellen sind. »Warmes Essen gibt es immer«, und wenn er die Töpfe auf dem Herd festbinden müsse. Pfannengerichte bräuchte es allerdings bei Windstärke zwölf nicht gerade

Arbeitsalltag an Bord des Notschleppers OCEANIC: Wache auf der Brücke, Reparaturen, Werterhaltung und gute Mahlzeiten; Da die OCEANIC ununtergrochen einsatzbereit sein muss, können nötige Besorgungen nur schnell mit dem Arbeitsboot erledigt werden

zu geben. Schnitzel oder Spiegeleier würden sich dann schnell vom Herd verabschieden. Stattdessen nimmt sich der »Chef« dann einen besonders hohen Topf und kocht Gulasch oder Eintopf. Hilfreich für seine Arbeit seien die Schlingerleisten am Herd, die dafür sorgen, dass nichts zu Boden geht. Stattdessen doch lieber auf dem unbewegten Land arbeiten? Für ihn keine ernsthafte Frage, selbst wenn er die Wahl hätte.

Die BMS OCEANIC nahm im Juni 1969 auf der Schichau-Werft in Bremerhaven ihren Stapellauf. Seither wurde sie technisch fortlaufend aufpoliert. Von Anfang an war der eisverstärkte Hochsee-Bergungsschlepper auf Spitzenleistung geeicht und gehört mit seinen rund 179 Tonnen Pfahlzug noch zu den Stärksten seiner Art. Mit knapp 130 Prozent übererfüllte er damals die Mindestanforderungen des Germanischen Lloyd – darauf ausgerichtet, bei wirklich jedem Wetter fahren zu können. Und das tat die OCEANIC auch, zeit ihres Einsatzes als Bergungs-, Hochsee- und Notschlepper. Bereits unmittelbar vor ihrer Taufe meisterte sie mit Bravour die erste Bergung. Sie zog den havarierten Stückgutfrachter FRANCE MARU vor der Emsmündung auf eine Sandbank, damit dort das entstandene Leck am Havaristen abgedichtet werden konnte.

Das Schiff ist ruhig. Zusammen mit mir befinden sich 28 Personen an Bord des »nur« 87 Meter langen und 14 Meter breiten Schleppers. Ab und zu lässt sich eines der Besatzungsmitglieder an Deck blicken. Einige telefonieren, andere rauchen oder halten eine Angel raus. »Wo sind die alle hin?« Nur die Brücke ist besetzt, der wachhabende Nautiker unterhält sich mit dem wachhabenden Matrosen. War ich nicht eigens darauf eingestellt, während meines Aufenthaltes an Bord, außer in meiner Kammer, nie alleine sein zu können?

Falsch gedacht, wie sich jetzt, am frühen Morgen, herausstellte. Die Privatsphäre ist an Bord nahezu heilig. Wenn die Kammertür offen steht und kein Vorhang davorgezogen ist: »Eintritt erwünscht«. Mit zugezogenem Vorhang: »Eintritt möglich, wenn ein guter Grund besteht.« Ist allerdings die Tür geschlossen, heißt das: »Ich will meine Ruhe!« Und die darf nur gestört werden, wenn Not am Mann ist oder Alarm.

Frühstück. Auf einmal ist das Schiff wieder voller Leben. »Ja, die Auszubildenden (Azubi) bringen hier schon ein wenig Abwechslung herein«, meint Kapitän Jan Ahuis. Meist ist er gut gelaunt und doch fähig zum harten Seemannston. »Eine intensive und qualitativ hochwertige Ausbildung in der Seefahrt tut Not«, so seine Überzeugung.

Auf dem Arbeitsdeck sind umsichtiges Verhalten und Schutzkleidung sehr wichtig;
Arbeitsalltag in der Maschine: Dokumentation, Überwachung, Wartung und Reparatur

Sicht von der Brücke auf die Back; Rettungsübung mit dem Schlauchboot

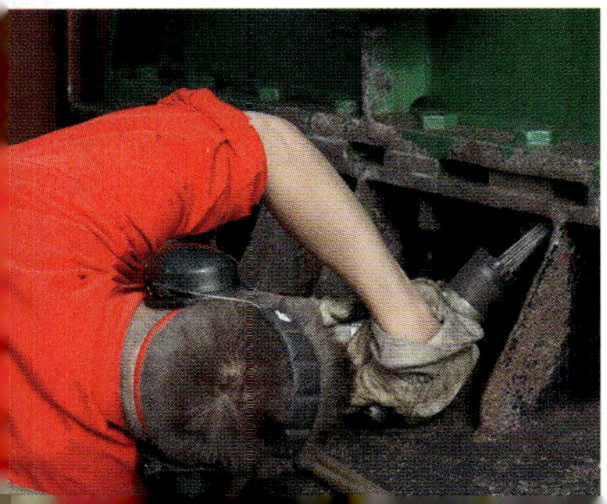

Seeleute seien ja schon für sich genommen ein eigenwilliges Volk, ergänzt Ingo Paul, 1. Offizier und Nautiker des Boarding-Teams. Aber die Leute auf den Bergungsschleppern stellten davon noch das »Sahnehäubchen« dar. »Normalerweise umfahren Seeleute nach Möglichkeit Schlechtwetter«, führt Paul weiter aus, »wir dagegen fahren da direkt hinein und müssen Lösungen finden, wenn die Besatzung des Havaristen schon längst die Koffer zum Verlassen des Schiffes gepackt hat.« Als Bergungsmannschaft müsse man ein hohes Maß an Selbstwertgefühl und Sicherheit im Handeln zeigen. »Da ist es manchmal auch erforderlich, den Offizieren an Bord des Havaristen zu sagen, wo es langgeht.«

Der Vormittag schreitet voran. Nach dem 10-Uhr-Kaffee geht es mit den Azubis an Deck zur Arbeit. Da wird mit zum Teil zentnerschweren Schäkeln hantiert. Am Nachmittag warten Rettungsübungen auf sie. Immer sind auch einige der »alten Hasen« dabei. So mancher von ihnen bringt jahrzehntelange Erfahrungen mit. Auch aus der Zeit, als die OCEANIC noch weltweit als Bergungsschlepper unterwegs war. Solche, mit allen Wassern gewaschenen Seebären verstehen es, die »Jungs« in die Kniffe der Seemannschaft einzuführen. Wenn auch manchmal mit einem leisen Lächeln auf den Lippen.

Ein Arbeitstag an Bord, wie es viele gibt. Trotz ihrer mehr als 40 Lebensjahre macht die fast schon legendäre OCEANIC immer noch einen glänzenden Eindruck. Doch der Abschied naht. Bis Ende Dezember 2010 läuft die Charter noch. Dann kommt der eigens für die Nordsee neu gebaute Notschlepper, dessen Charterbeginn die alte Dame in eine noch ungeklärte Zukunft schickt.

»Wir fahren morgen nach Helgoland, Ersatzteile holen. Willst du da aussteigen?« Auch meine Reise neigt sich dem Ende zu. Früh um sieben geht der Anker auf und die mehr als 13.000 PS sorgen für ein aufgewühltes Schraubenwasser. Vom Strand aus ein letzter Blick, Helgoland in der Morgensonne und die OCEANIC als Kulissenbild. Ich sehe gemeinsam mit anderen Strandbesuchern den Notschlepper am Horizont entschwinden.

Arbeitsalltag an Deck: Übungen, Tag und Nacht einsatzbereit sein und Rostentfernung

Winschübungen für und mit dem Hubschrauber; Großreinemachen für den Mannschaftswechsel; Arbeitsalltag und Freizeitgestaltung: Gemeinsames Tagesschau-Gucken, Grillen am Sonntag und kleines Weihnachten

BISHER EINGESETZTE NOTSCHLEPPER FÜR DIE OSTSEE

Gerüstet für den beherrschbaren Fall

MZS ARKONA

In den Jahren 2001 bis 2004 erarbeitete die WSV eine Konzeption für den Neubau der MZS ARKONA. Eine Reihe bis dato erworbener Erkenntnisse aus dem Betrieb und den Einsätzen bereits vorhandener Mehrzweckschiffe des Bundes sind in die Planungen mit eingeflossen. Im Dezember 2002 erhielt die Peene-Werft in Wolgast den Auftrag für den Bau und die betriebsfertige Lieferung des Schiffes. Der Neubau kostete rund 46 Millionen Euro und wurde im Dezember 2004 vom WSA Stralsund in Dienst gestellt. Die ARKONA deckt den gesamten Bereich der östlichen Ostsee von Kühlungsborn bis an die polnische Grenze ab, speziell den Verkehrsschwerpunkt Kadetrinne. Die Erprobung ihrer Eisbrecheigenschaften folgte März 2005.

MZS SCHARHÖRN

Die MZS SCHARHÖRN war zunächst als MS OSTERTOR im Versorgungsdienst für Ölplattformen (Röhrentransport) im Einsatz. 1980 wurde sie an das BMVBS verkauft und dem WSA Cuxhaven als Mehrzweckeinheit überstellt. Fortan fuhr das Schiff in der Deutschen Bucht. Es wurde für seine Aufgaben als SUBS in den kommenden Jahren immer weiter nachgerüstet, insbesondere mit Gas- und Explosionsschutz sowie moderner Notschlepptechnik. Seit 1998 ist die SCHARHÖRN dem WSA Lübeck unterstellt und überwacht das Revier der westlichen Ostsee von Flensburg bis zum Leuchtturm Buk. Ihr Aufgabenfeld umfasst unter anderem Gewässerschutz, Bearbeiten von Seezeichen und Hilfeleistung bei Havarien. Sie ist in Kiel-Holtenau stationiert.

MZS ARKONA
Technische Daten:

Länge: 69,20 m
Breite: 15,00 m
Tiefgang: 4,50 m
BRZ: 2.056 t
Pfahlzug: 40 t
Geschwindigkeit: 13,1 kn
Bauwerft: Peene Werft, Wolgast
Indienststellung: Dezember 2004
Besatzung: 16 + 16 Einsatzkräfte
Hauptmotoren: MTU 12 V 4000
Antriebssystem: dieselelektrisch
Leistung: 4.860 kW
Antrieb: 2 POD–Systeme SEP 2, 3.700 kW, 1 Bugjet 1.000 kW
Schleppgeschirr: Schleppwinde 40 t Zugkraft, Haltekraft 100 t, Stahlseil-Ø 38 mm, 500 m Länge
Löschmonitore: 2 x 600 m³/h, 1 x 400 m³/h, 1 x Schaum 300 m³/h, 4 x Handschaumrohr 400 l/min

MZS SCHARHÖRN
Technische Daten:

Länge: 56,12 m
Breite: 14 m
Tiefgang: 4,60 m
BRZ: 1.305 t
Pfahlzug: 40 t
Geschwindigkeit: 12 kn
Bauwerft: Rheinwerft Walsum
Baujahr: 1974
Besatzung: 14
Hauptmotoren: 2 x 12-Zylinder-MTU-Diesel
Leistung: je 1.286 kW
Antrieb: 2 Verstellpropeller, je 1.320 kW, 1 Bugstrahl (500 kW)
Schleppgeschirr: Schleppwinde 40 t Zugkraft, Haltekraft 80 t, Stahlseil-Ø 38 mm, 500 m Länge, Nylon-Recker, Ø 90 mm, 20 m
Löschmonitore: 2 x 600 m³/h, 3 x 250 m³/h

BÜLK (KIEL)

Die Schleppschifffahrt hat in Kiel bereits seit über 100 Jahren Tradition. So verwundert es nicht, dass mit dem Schlepper BÜLK ein einheimischer Schlepper nun schon zum achten Mal für zwei Jahre, also bis 2011, vom Bund als Notschlepper für die Kieler Bucht gechartert wurde. Seit Anfang 2008 kann laut Medienberichten auch der neue Schlepper KIEL diese Position einnehmen.

FAIRPLAY 25 und 26

Zur Gewährleistung eines optimalen Schutzes der Küste bei Schiffshavarien haben die drei führenden deutschen Schleppreedereien – die Bugsier-Reederei (Hamburg/Bremerhaven), Fairplay Towage (Hamburg/Rostock) und die Unterweser Reederei GmbH (Bremen) – im September 2001 ihre Kräfte gebündelt. Die »ARGE Küstenschutz« stellt in der Ostsee die beiden auf Station liegenden Notschlepper FAIRPLAY 25 und FAIRPLAY 26 mit jeweils 65 t Pfahlzug. Bei den in Warnemünde bzw. Sassnitz stationierten baugleichen Schiffen handelt es sich um moderne Schlepper, die für Notschleppen, Begleitung, See- und Hafenassistenz, Feuerlöschen, Offshorearbeiten und andere Aufgaben geeignet sind. Jeder der 2001 gebauten Schlepper verfügt über zwei Besatzungen von sechs Mann, die im zweiwöchigen Wechsel an Bord arbeiten. Ein vierköpfiges »Boarding-Team« in Warnemünde kann bei Bedarf per Helikopter auf dem Havaristen eingesetzt werden.

BÜLK (KIEL) Technische Daten:

Länge: 29,90 m (32,00 m)
Breite: 9,90 m (11,00 m)
Tiefgang: 4,00 m (5,40 m)
BRZ: 263 t (473 t)
Pfahlzug: 40 t (68 t)
Geschwindigkeit: 13,5 kn (13 kn)
Bauwerft: Ölkers, Hamburg (Lindenau, Kiel)
Baujahr: 1987 (2008)
Hauptmotoren: 2 x 12-Zylinder-Anglo-Belgian, 12 VDZC
Leistung: 2 x 1.160 kW (2 x 2.100 kW)
Antrieb: 2 Ruderpropeller, 1 Bugstrahl 220 kW (220 kW)
Schleppgeschirr: Schleppwinde Bug 150 m 32 Ø, Schleppwinde Heck 700 m 40 Ø
Löschmonitore: 1 x 720 m³/h

FAIRPLAY 25 und 26 Technische Daten:

Länge: 34,85 m
Breite: 10,90 m
Tiefgang: 4,60 m
BRT: 499 t
Pfahlzug: 65 t
Geschwindigkeit: 13,50 kn
Bauwerft: Astilleros Zamakona S.A Bilbao (Spanien)
Indienststellung: 2001
Besatzung: 6
Hauptmotoren: 2 x DEUTZ SBA 9 M 628
Leistung: 4.050 kW
Antrieb: 2 x Schottel Ruderpropeller CPP SRP 1515 in Kortdüsen
Schleppgeschirr: Winden 2 x Ul-stein Brattvaag SL50 1 T mit 125 t Bremslast, 2 x Draht-Ø 52 mm, 1.400 m Länge, 178 t Bruchlast
Löschmonitore: 2 x 1.350 m³/h

RUND UM DIE UHR IN BEREITSCHAFT FÜR DIE OSTSEE

Notschlepper FAIRPLAY 26 und FAIRPLAY 25

Die Ausschreibung lief im Jahre 2001 europaweit: Im Rahmen des maritimen Sicherheitskonzepts für die Ostsee suchte die Wasser- und Schifffahrtsverwaltung des Bundes hochleistungsfähige, von privat zu charternde Notschlepper. Anfang November des Jahres konnten mit Kiel und Warnemünde zunächst zwei der drei Bereitschaftspositionen besetzt werden. – Ein Meilenstein im deutschen Küstenschutz!

An der Ausschreibung beteiligt hatten sich unter anderem die damals vier führenden deutschen Schlepp- und Bergungsreedereien Bugsier (Hamburg), Fairplay (Hamburg), URAG (Bremen) und T&S (Bremerhaven). Sie gründeten im September 2001 die Arbeitsgemeinschaft »ARGE Küstenschutz«. So waren sie in der Lage, mit vereinten Kräften ein leistungsfähiges Angebot abzugeben und die in der Ausschreibung geforderten Sicherheitsbedingungen zu erfüllen.

Das neue Notschlepperkonzept entfesselte anfangs heiße Diskussionen. Für Skeptiker stellte sich derzeit vor allem die Frage, ob es überhaupt erforderlich sei, Notschlepper einzusetzen oder gar fest zu chartern. – Gerade auch in Hinblick auf die bereitzustellenden Gelder. Schließlich gebe es in den Häfen viele Schlepper, die sich doch für eine solche Aufgabe eignen würden. Und diese kritischen Stimmen hatten nicht ganz Unrecht. Sieht man sich die Häfen an der deutschen Ostseeküste an, findet man einige Reedereien mit seegängigen Schleppern.

Nicht jeder dieser Schlepper ist jedoch aufgrund seiner Schleppleistung und/oder seiner Größe auch wirklich für einen Notschleppeinsatz geeignet. Zudem werden sie von ihren Reedereien laufend für See- und Hafenassistenz und Ver-

schleppungen eingesetzt, das heißt, sie liegen nicht ständig in Bereitschaft. Im Notfall könnte dieser Engpass an qualifizierter Schleppleistung für einen Havaristen und die Küste schwerwiegende Folgen haben.

Die schwedische Küstenwache stellte zudem im Januar 2001 fest, dass bis dato in der Ostsee keine ausreichende Notschleppkapazität vorhanden war. Bei einem angenommenen Szenario um die Havarie eines Tankers knapp 16 Seemeilen nördlich Arkona bei neun Windstärken aus Nordost hätten Schlepper mit entsprechendem Pfahlzug erst nach etwa 23 Stunden den Havaristen erreicht. Bis dahin wäre der Tanker wahrscheinlich längst gestrandet, mit allen Konsequenzen und auch Kosten, die das nach sich gezogen hätte.

Deshalb entschied der damalige Bundesverkehrsminister Bodewig im Juni 2001: Für die Ostsee werde erstmalig eine staatliche Notschleppkapazität aufgebaut. Dass dies notwendig sei, hätten Untersuchungen zur Verkehrsentwicklung in der Ostsee gezeigt. Angestrebt werde ein vergleichbares Sicherheitsniveau wie in der Nordsee; mit Eingreifszeiten von maximal zwei Stunden. So fiel die Entscheidung für einen Notschlepper auf der Bereitschaftsposition Warnemünde zugunsten des Schlepperneubaues FAIRPLAY 26 und elf Monate später auf die baugleiche Schwester FAIRPLAY 25 für die Position Sassnitz.

FAIRPLAY 26 und 25 sind die beiden stärksten Fahrzeuge einer Baureihe von insgesamt sechs Schleppern. Sie haben gegenüber ihren vier Schwestern eine höhere Maschinenleistung, einen höheren Pfahlzug, eine Feuerlöschleistung entsprechend FiFi 1 (2 x 1.350 Kubikmeter pro Stunde bei einer Wurfweite bis zu 120 Meter) und weitere Verbesserungen. Beide sind auch heute noch moderne Multifunktionsschlepper, die für Hafen- und Seeassistenz, Seeverschleppungen, Eskortieren, Bergungs- und Notschleppaufgaben ausgelegt sind.

Zwei Schottel-Verstellpropeller (Typ SRP1515) in Kort-Düsen liefern ihnen die Kraft, um einen Pfahlzug von 65 Tonnen und eine Freifahrt-Geschwindigkeit von 13,5 Knoten in der Vorwärtssowie elf Knoten in der Rückwärtsfahrt zu erreichen. Das Bugstrahlruder (Typ STT 110LK) mit einem Schub von 2,8 Tonnen verleiht den Schleppern in Kombination mit den um 360 Grad drehbaren Schottel-Propellern eine besonders hohe Manövrierfähigkeit.

Entgegen herkömmlichen Schleppern sind die Rümpfe der Schwes-

tern mit einem Wulstbug und einem sogenannten »Totholz« ausgerüstet. Diese spezielle Rumpfform wurde mit umfangreichen Modelltests im Schlepptank entwickelt. Sie garantiert den heckangetriebenen Fahrzeugen ein ungewöhnlich hohes Maß an Kursstabilität in der Rückwärtsfahrt. In diesem Zusammenhang ist erwähnenswert, dass es auf der Brücke einen zweiten Fahrstand gibt. Das ermöglicht dem Schiffsführer, auch bei der Rückwärtsfahrt sowohl das gesamte Arbeitsdeck als auch die achtere Winde zu übersehen.

Mit je einer Doppelwinde vorn und achtern sind die Schiffe für den Hafen- und den Seebetrieb geeignet. Die Bremslast der Winden beträgt je 125 Tonnen. Je Trommel stehen 400 Meter Hafenschlepp- und 1.500 Meter Seeschleppdraht mit 52 Millimeter Durchmesser zur Verfügung. Die Winden können von der Brücke oder auch vom Deck aus gefahren werden.

Außerdem sind beide Schlepper für den Notschleppeinsatz mit hochfesten Kunststoffleinen ausgerüstet, sogenannten »Dyneema-Leinen«. Diese Spezialleinen besitzen die gleichen Festigkeitseigenschaften wie der Schleppdraht, sind aber sehr leicht und schwimmfähig. Sie erleichtern bei Stromausfall auf dem Havaristen, trotz »schwarzem Licht« eine Notschleppverbindung herzustellen.

Für die Arbeit im Hafen und auf See verfügen die Notschlepper über eine Anzahl von technischen und nautischen Geräten. Dazu gehören elektronische Seekartensysteme und GPS für die Navigation, zwei Tageslicht-Radare, Echolot, Gyrokompass und natürlich ein Autopilot-System. Drei UKW-Sprechfunkgeräte sowie Inmarsat- und GSM-Anlagen für Telefon/Fax-Kommunikation ergänzen die Anlagen. Speziell für Offshore-Arbeiten gibt es auf dem Achterdeck ausreichend Platz für Ersatzteile, Offshore-Gerätschaften und sogar einen Standardcontainer. Die umfangreiche Rundum-Fenderung des Rumpfes erfüllt einen weiteren Sicherheitsaspekt. Der Palfinger-Kran hat bei maximaler Auslage von 11,4 Metern noch eine Tragkraft von 1,8 Tonnen. Die Bunkerkapazität von 240 Kubikmeter erlaubt einen Aktionsradius von rund 15 Tagen.

Immer wieder wurde bei beiden Notschleppern das Herstellen der Notschleppverbindungen, der Umgang mit den hochfesten Kunststoffleinen und die Zusammenarbeit mit Hubschraubern und Hilfsschiffen praxiserprobt. Solche Übungen gehören ohnehin zum regelmäßigen Pflichtprogramm von Boarding-Team und Notschlepper-Besatzung.

Durch die Inbetriebnahme des Notschlepper-Neubaus BALTIC im September 2010 kommen nun neue Aufgaben auf die FAIRPLAY 26 zu. Anders als bei der »Arbeitskollegin« OCEANIC, die ab Januar 2011 wieder dem freien Markt oder gar dem Verkauf zur Verfügung steht, ist sie bereits fest für den weiteren Einsatz innerhalb der Fairplay Towage Gruppe eingeplant. Sie geht als Verstärkung ihrer älteren Schwestern in den Rotterdamer Hafen. Aber zuvor ist ihr als Vertreterin von FAIRPLAY 25 noch eine kleine Abschiedsvorstellung als Notschlepper in Sassnitz vergönnt. FAIRPLAY 25 bleibt weiter als Notschlepper in Sassnitz.

Linke Seite: Vorsichtig nähert sich FAIRPLAY 26 an den Havaristen an; Bis zu elf Knoten schnell können die FAIRPLAY-Notschlepper rückwärts fahren

Diese Seite: Zwei Feuerlöschmonitore mit je 1.350 Kubikmetern pro Stunde bei einer Wurfweite bis zu 120 Metern und Wurfhöhe bis zu 45 Metern; Lösch-Einsatz der FAIRPLAY 26 kurz nach Ende der Charter an dem Havaristen LISCO GLORIA

EIN NEUER NOTSCHLEPPER FÜR DIE OSTSEE

Eine präventive Antwort auf die Gefahren eines wachsenden Schiffsverkehrs

Notschlepper BALTIC während einer extrem seltenen Begegnung mit ihrer großen Schwester NORDIC

Sonntag: Regenwetter, wie es unangenehmer kaum sein kann. Und doch stehen an markanten Punkten entlang des Nord-Ostsee-Kanals zahlreiche Schiffs-Spotter mit ihren Fotoapparaten und warten geduldig auf ein Schiff, wie es ein solches in der Ostsee noch nicht gegeben hat. Der neue Notschlepper für den deutschen Teil des kleinen Meeres ist auf dem Weg, seine Position für die kommenden zehn Jahre in Warnemünde einzunehmen.

Die Ostsee ist im Notschleppkonzept auch als ein Gebiet erkannt, in dem aufgrund des steigen-

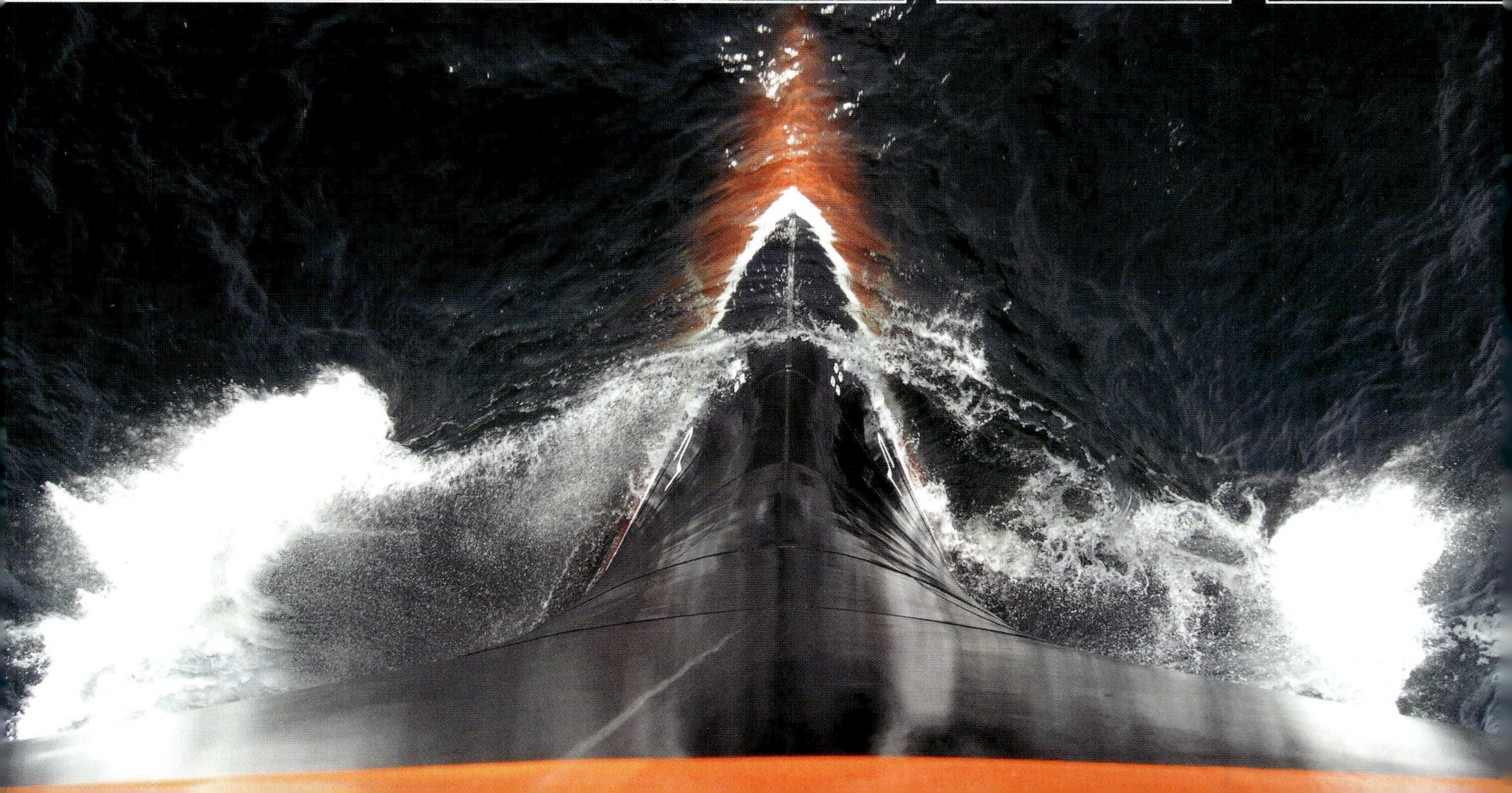

den Verkehrsaufkommens ein erhebliches Risiko für Schifffahrt und Natur besteht. So hat der Parlamentarische Staatssekretär beim Bundesministerium für Verkehr, Bau und Stadtentwicklung (BMVBS), Enak Ferlemann, am 24. September 2010 in Warnemünde den neuen Notschlepper BALTIC im Namen seines Ministeriums gechartert. Dieser soll nun gemeinsam mit den beiden bundeseigenen Mehrzweckschiffen und zwei weiteren gecharterten Schleppern (BÜLK und FAIRPLAY 25) die deutsche Ostseeküste und den deutschen Teil der 36 Kilometer langen und nur einige hundert Meter breiten Kadetrinne von Warnemünde aus sichern.

Die BALTIC fährt unter deutscher Flagge und mit einer achtköpfigen deutschen Besatzung. Sie zählt zu den schnellsten und stärksten Schleppern auf der Ostsee. Laut der zuständigen Wasser- und Schifffahrtsdirektion Nord stehen für die zehnjährige Charterung des Neubaus nebst »Boarding-Team« Haushaltsmittel in Höhe von 67,7 Millionen Euro bereit. Man geht zur Zeit aber noch davon aus, dass diese Mittel nicht vollständig ausgeschöpft werden.

Der Charterer erwartete vom neuen Notschlepper eine Geschwindigkeit von 16,5 Knoten (real 17 Knoten) bei einem Tiefgang von sechs Metern und einem Pfahlzug von 100 Tonnen (real 130 Tonnen). Außerdem brauchte er Schutzeinrichtungen für den besonderen Einsatz bei Ölunfällen und eine Klassifizierung des Germanischen Lloyd für die Eisklasse E2 zum Aufbruch von mindestens

Notschlepper BALTIC in voller Fahrt; Notschlepper BALTIC und ehemaliger Notschlepper FAIRPLAY 26 zusammen an der Pier

30 Zentimeter dickem Eis. Der Bund verlangt zudem eine hohe Manövrierfähigkeit, ein vor überkommender See geschütztes Arbeitsdeck, gedämpfte Seegangsbewegungen, große Zuverlässigkeit und eine möglichst geringe Ausfallwahrscheinlichkeit. Und vier Plätze für angehende Schiffsmechaniker befinden sich auch noch an Bord. »Der Notschlepper BALTIC stellt sicher, dass auch den größten Schiffen im Havariefall schnell geholfen werden kann«, so der Staatssekretär.

Für sein Geld bekommt der Charterer nicht nur ein technisch ausgereiftes Schiff, für das die spanischen Notschlepper LUZ DE MAR und MIGUEL CERVANTES Pate standen. Auch im Notschleppen eingeübte Mannschaften sind »inklusive«. Die meisten der Männer sind schon seit Jahren gemeinsam mit Kapitän Bernhard Kittel auf der FAIRPLAY 26 im Einsatz gewesen und kennen ihre Aufgaben aus der Praxis.

Auf dem geschätzt 28-Millionen-Euro-Neubau finden sie nun deutlich mehr Komfort. Zum Beispiel teilen sich jetzt nur zwei der wesentlich größeren und wohnlicheren Kammern ein Duschbad. Sogar für die Fitness ist gesorgt: Ein vollständig ausgerüsteter Sportraum wartet mit modernen Power- und Trimmgeräten auf. Da werden die zwei Wochen Dienst an Bord im Wechsel mit zwei Wochen Freizeit nicht allzu lang.

Die Brücke der BALTIC mit Kapitän Kittel (re.) und zwei Vertretern der ARGE Küstenschutz; Das Herzstück eines Schleppers: Die Schleppwinde

Leinen los zur Abfahrt; Offizielle Übergabe des Chartervertrages; Zentraler kann ein Schiff kaum liegen als die BALTIC hier in Warnemünde; Mannschaftskammer: Mannschaftsmesse; Eine Wasserdüse für den Eigenschutz

BALTIC
Technische Daten:

Länge: 61,36 m **Breite:** 15,00 m **Tiefgang:** max. 6,00 m **BRZ:** 2.068 t
Pfahlzug: 127,20 t **Geschwindigkeit:** 17 kn
Baujahr: 2010 **Bauwerft:** Astilleros Armon, Vigo, Spanien
Klasse: GL 100A5 E2 IW Tug, geeignet für Betrieb in ölbedecktem Wasser
Hauptmotoren: 2 x General-Electric GE 16V 250 MDB4
Hilfsmotoren: 2 x MAN D2840LE301, 1 x MAN D2866 LXE20
Leistung: 2 x 4.237 kW (5.766 PS), 2 x 443 kW (603 PS), 1 x 177 kW (241 PS)
Bunker: ca. 577 m³ Gasoil, ca. 127 m³ Frischwasser
Antrieb: 2 x Schottel SCP 100/4 XG,, 2 x Bugstrahler STT 001 FP 450 kW, 2 x Heckstrahler STT 001 FP 450 kW, 2 x Becker Aktiv-Ruder
Schleppgeschirr: 2 x IBERCISA MR-H/300/500-70 hydraulische Schleppwinden, galvanisierter Stahldraht 500 m Länge / 62 mm Ø, Bruchlast 2.557 kN, Schleppnägel Karmoy 300 Tonnen SWL, 2 x Spillköpfe 2 t, Beistopperwinde 10 kN, 150 m / 25 mm, elektro-hydraulischer Deckskran 16 m Auslage SWL 6 t, ausgerüstet nach GMDSS area 3
Löschmonitore: 2 FiFi1 à 1.200 m³/h, Wurfweite 140 m, Wurfhöhe 40 m
Löschmittel: 16 m³ Mehrzwecklöschschaum
Selbstschutzausrüstung:
Rettungsausrüstung: Hochgeschwindigkeitsboot, Hatecke 7,20 m, 120 kW
Kommunikationsgerät: Fleet Broadband 500, Satelliten FAX / Telefon – GSM Telefon

Bilder vom Bau der BALTIC; Die BALTIC kurz nach ihrem Ausdocken

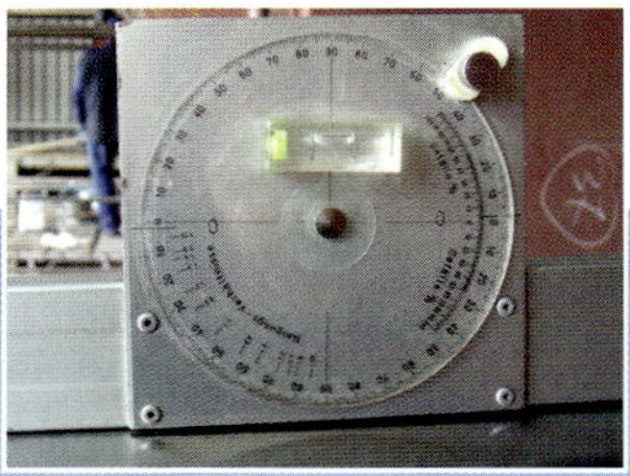

Es geschah in der Nacht zum 9. Oktober 2010. Rund elf Kilometer nördlich von Fehmarn, auf offener See, geriet die 200 Meter lange DFDS Ro-Pax-Fähre LISCO GLORIA in Brand. Ursache war das explodierende Kühlaggregat eines Lastwagens, der am Oberdeck stand. Zu diesem Zeitpunkt befanden sich 249 Personen an Bord. Dank der schnellen und professionellen Reaktion von Kapitän und Besatzung, die sofort einen Notruf sendeten, konnten alle an Bord befindlichen Menschen evakuiert werden.

Als erstes Hilfsschiff traf die NEUSTRELITZ am Unglücksort ein. Sie barg zunächst rund 100 Menschen aus den Rettungsbooten ab. Bald trafen weitere Schiffe ein und nahmen auch die anderen Schiffbrüchigen auf. Gegen zwei Uhr nachts, rund zwei Stunden nach Brandausbruch, übergaben sie die Geretteten an die herbeigeeilte Scandlines-Fähre DEUTSCHLAND, die anschließend direkt Kurs auf Kiel nahm.

Parallel dazu liefen die Löscharbeiten zügig an. Neben den beiden Gewässerschutzschiffen SCHARHÖRN und ARKONA kamen das Feuerlöschboot KIEL, die Rettungskreuzer JOHN T. ESSBERGER, BREMEN, BERLIN und VORMANN JANTZEN und der derzeitig nicht mehr als Notschlepper eingesetzte Schlepper FAIRPLAY 26 zum Einsatz.

Auch die BALTIC wurde angefragt. Sie sollte die ausgebrannte Fähre in einen sicheren Hafen schleppen, was dann aber unterblieb. Das mit der Einsatzleitung betraute Havariekommando hatte aus Sicherheitsgründen von einer solchen Verschleppung zu einem so frühen Zeitpunkt abgesehen.

Stattdessen forderte man das Ostsee-»Boarding-Team« an. Die vier Bergungsspezialisten wurden von Bord der BALTIC per Hubschrauber abgeholt und samt Atemschutz und Ausrüstung auf dem Vordeck der LISCO GLORIA abgesetzt. Das brennende Schiff vertrieb weiter Richtung Ærø. Schließlich gelang es den Männern rund zwei Seemeilen vor Langeland, einen Anker fallen zu lassen und damit das Vertreiben des Schiffes zu stoppen.

Damit war ihr Auftrag erfüllt und die BALTIC konnte zurück nach Warnemünde fahren.

Einsatzbilder vom »Boarding-Team«

EINIGE NOTSCHLEPPER ANDERER LÄNDER

Eine präventive Antwort auf gemachte Erfahrungen

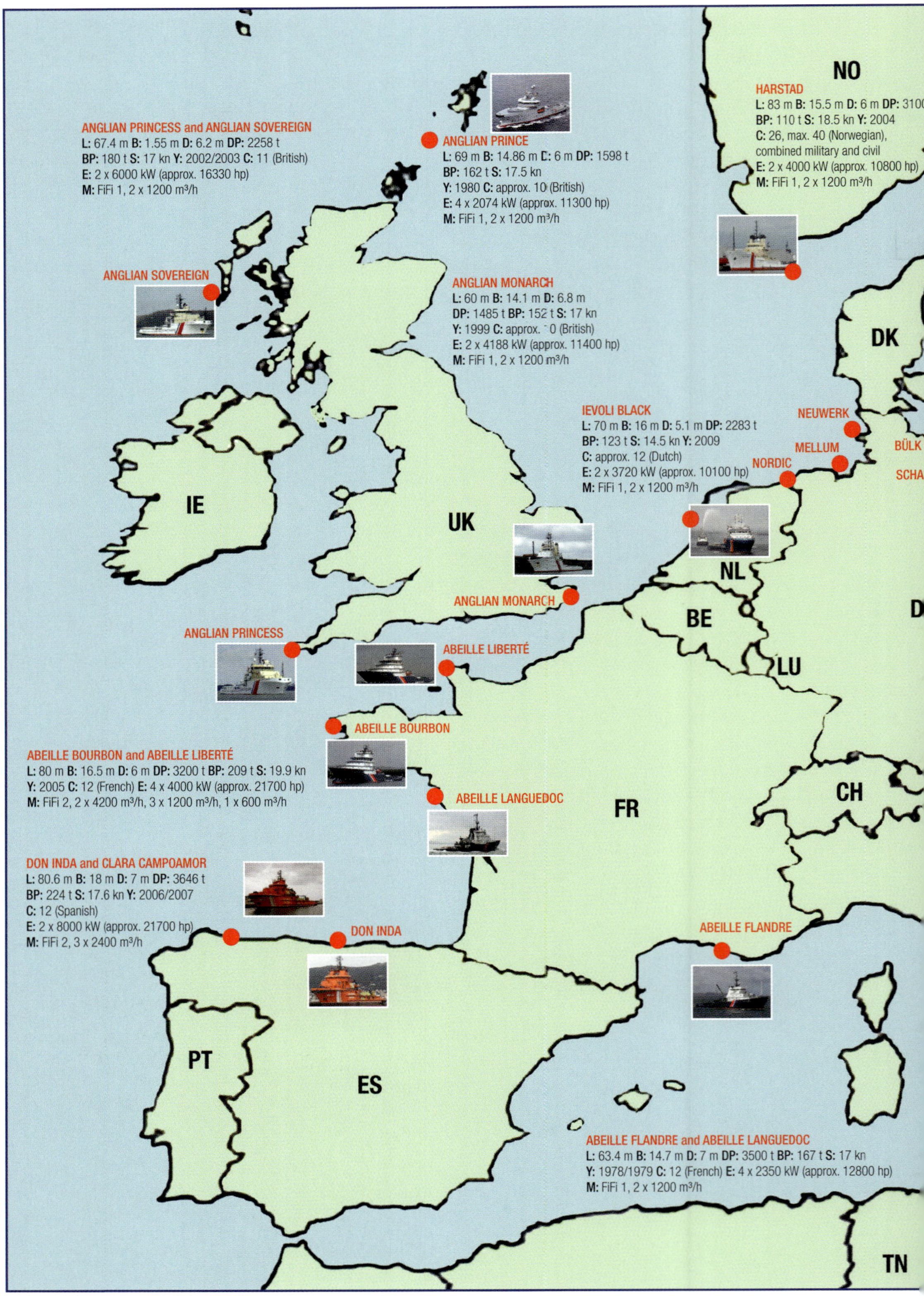

LEGEND

NAME OF SHIP
- L = length overall in metres (m)
- B = breadth in metres (m)
- D = draught in metres (m)
- DP = displacement in tonnes (t)
- BP = bollard pull in tonnes (t)
- S = speed in knots (kn)
- Y = year built
- C = crew
- E = number of main engines and output in kilowatt (kW)
- M = number of fire fighting monitors and output in cubic metres (m³)

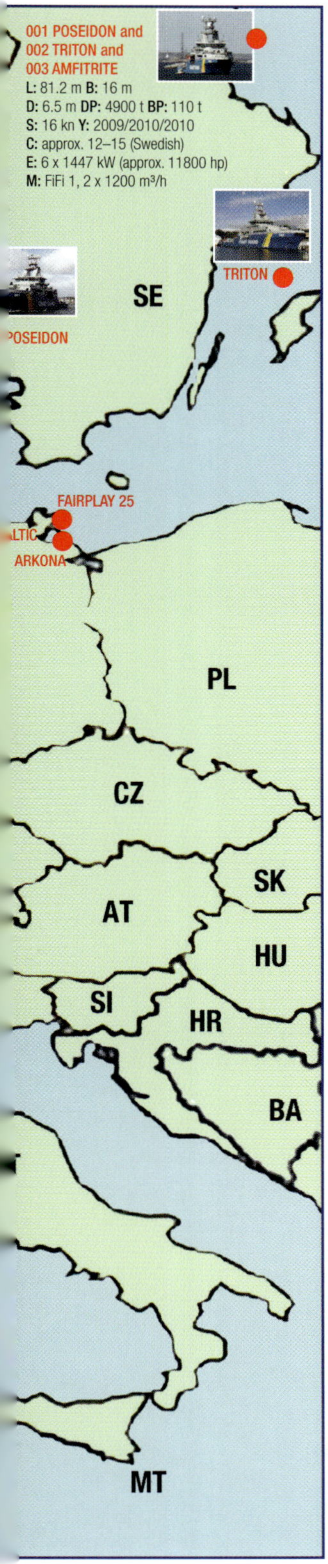

Mit dem Schutz der eigenen Küsten vor den Folgen einer Schiffshavarie befassen sich nicht nur deutsche Behörden und Verbände. An vielen Küsten der Erde halten Länder starke Not-Schleppschiffe ständig für einen möglichen Einsatz bereit. Je nach Bedarf setzen sie reine Bergungs- und auch Mehrzweckschiffe als sogenannte Emergency Towing Vessel (ETV) ein. Gemeinsame Merkmale sind: Sie können auch die ganz großen Schiffe schleppen, Schiffsbrände bekämpfen, bei allen Wettern fahren, auf engem Raum zuverlässig manövrieren, auf dem Achterdeck Ausrüstung transportieren und Leben retten.

»Im Falle eines Falles« kommen die Kosten für diese Schiffe um ein Vielfaches wieder herein. Allein die Verhinderung einer einzigen großen Havarie erspart der maritimen Wirtschaft, dem Küstentourismus und – einmal abgesehen von ethischen Werten – der maritimen Umwelt mit all ihren Bewohnern unter Umständen Gelder in Milliardenhöhe. Eine Erkenntnis, um die gerade von großen Havarien betroffene Länder wie Spanien und Frankreich nicht herum kamen. Und auch Großbritannien hatte vor Schottland entsprechende Erfahrungen gemacht und Konsequenzen daraus gezogen – bis heute.

Jetzt, im Herbst 2010, beginnt dort wieder eine Diskussion, wie sie auch aus anderen Ländern bekannt ist. Mit Blick auf die laufenden Kosten und kurzsichtigen Argumente haben britische Haushaltspolitiker beschlossen, die vier großen Notschlepper des Landes abzuschaffen. Ihre Sicht der Dinge: »Die staatliche Bereitstellung von ETVs stellt keine ordnungsgemäße Verwendung von Steuergeldern dar.« Stattdessen solle die ganze Angelegenheit auf kommerzieller Basis zwischen Schiffsbetreiber und -berger geregelt werden. Wer da für entstandene Schäden aufkommt? Die in der Vergangenheit von Havarieschäden direkt oder indirekt betroffenen Menschen können davon sicher ausführlich berichten. Und das wohl eher selten positiv. Ironischerweise musste nur wenige Tage nach der Kürzungserklärung der 1,2 Milliarden Pfund teure Neubau eines britischen Atom-U-Bootes von einem Notschlepper aus seiner Havarie gerettet werden.

Die ersten Schiffe der britischen ETV-Flotte nahmen 1993 unter Charter der Maritime and Coastguard Agency (MCA) ihren Dienst auf. Noch bis September 2011 stehen die starken Schlepper rund um die Uhr in Bereitschaft und sind innerhalb einer halben Stunde voll einsatzbereit. – Unter anderem auch für die Brandbekämpfung. Unter dem Kürzel »CAST« gibt es zudem noch eine Vereinbarung mit kommerziellen Schleppreedereien, auf deren Schiffe im Notfall und unter bestimmten Bedingungen zurückgegriffen werden kann. Außerdem besteht seit April 2000 eine paritätische Kooperation mit Frankreich über den Notschlepper für die Straße von Dover/Pas de Calais.

Welche Bedeutung die Notschlepper für Frankreich haben, zeigt allein schon die Taufe der ABEILLE BOURBON. Taufpatin war Bernadette Chirac, die Ehefrau des damaligen französischen Staatspräsidenten. Bereits seit Juli 1978 werden dort schon ETVs eingesetzt. So konnten langjährige Erfahrungen in den Bau der beiden neuesten Schlepper einfließen. Sie sind nicht nur leistungsstärker im Pfahlzug und wesentlich schneller – sie verfügen auch über einen hochmodernen Gas- und Explosionsschutz. Im Notfall können sie damit bis zu 30 Minuten in einer Gaswolke verbleiben. Wenn die Bergung erfolgreich ist, verdient der französische Staat die Hälfte des Wertes der geborgenen Ladung.

Nach einem Brand auf dem ehemaligen niederländischen Notschlepper WAKER steht nun die IEVOLI BLACK rund um die Uhr an dessen Stelle. Bei Schlechtwetter bezieht sie nahe der wichtigsten Schifffahrtsrouten nördlich der friesischen Inseln Position.

Zwischen den Niederlanden und Deutschland besteht seit April 2000 eine Kooperationsvereinbarung. Darin ist festgeschrieben, dass sich immer ein Notschlepper in der Nähe der friesischen Inseln aufhält.

Über die zwei stärksten Notschlepper Westeuropas verfügen die Spanier. Eine ihrer wichtigsten Aufgaben ist das Notschleppen von Tankern mit unbegrenzter Größe bei widrigen Bedingungen. An Bord befinden sich eine Reihe von Ausrüstungen, die Öl aus dem Wasser aufnehmen und bis zu 95 Prozent separieren können.

Der norwegische Notschlepper HARSTAD erfüllt die klassischen Aufgaben einer Küstenwache wie Search and Rescue und die Wahrnehmung hoheitlicher Tätigkeiten. Zudem ist er mit speziellem Gerät zur Bekämpfung der Folgen von Tankerunfällen ausgestattet und außerordentlich wendig. Er ist auch in der Lage, havarierte Marine-U-Boote zu bergen.

Vor der schwedischen Küste liegen seit allerjüngster Zeit drei neue ETVs. Sie sind als Mehrzweckschiffe konzipiert und verfügen neben einem hohen Pfahlzug auch über Brandbekämpfungsgerät und einen Gas- und Explosionsschutz.

VON »GAR NICHT« ZU »SUPER GUT«

Der Entscheidungsweg bis zum neuen Notschlepper

Das Thema »Notschlepper für die Nordsee« sorgte bereits seit 1995 für reichlich Konfliktstoff. Auf der einen Seite Beamte des Bundesverkehrsministeriums (BMV) nebst nachgeordneter Stellen. Dem gegenüber eigentlich alle Organisationen, Verbände und Kommunen, die sich im Rahmen ihres Tätigkeitsfeldes auch mit dem Küstenschutz von See her befassen. Und mit Schleswig-Holstein sogar eine Landesregierung. Im Grunde rangen die Konfliktseiten dabei um Grundsätzliches: die Leistungswerte eines Sicherungsschleppers für die Deutsche Bucht.

Nach Auffassung der Ministerialbürokratie wäre ein kleineres Leistungsvermögen für den zu charternden Notschlepper absolut ausreichend gewesen. »Ruhig etwas schwächer, langsamer und in der Hauptsache günstiger«, wurde den Ministeriellen von ihren Kritikern als Orientierungsmaßstab unterstellt. Sie forderten in Anbetracht der Schifffahrtsentwicklung in der Nordsee unisono eine höherwertige Ausstattung, um die Küste möglichst wirksam zu schützen.

Im September 1995 entschied sich die damalige Bundesregierung – wohl auf massiven Druck der Opposition –, während des nötig gewordenen großen Umbaus der MELLUM einen Sicherungsschlepper von privat zu chartern. Er sollte zunächst die zeitlich begrenzt entstandene Sicherheitslücke in der Nordsee schließen.

Als kurzfristig einziges annähernd in Frage kommendes Schiff bot sich dem BMV der in Kiel aufliegende Schleppversorger MANTA an. Das Schiff war von seinen neuen Eignern zum Kabelleger umgebaut worden und konnte unmittelbar die Sicherungsaufgabe übernehmen, wenn auch erste kritische Stimmen schon anmerkten, dass der Schleppversorger mit seinen 78 Tonnen Pfahlzug zu leistungsschwach sei. Vor allem sein durch den

Schutzwürdig: Die Menschen an der Küste; die Meeressäuger; die Küste; die Bewohner verschiedener Welten

backbord stehenden Bordkran verstelltes Achterdeck eigne sich nicht zum effektiven Schleppen, da der Schleppdraht im Manöver auf dieser Seite nicht weit genug auswandern könne. Die Charter wurde trotzdem geschlossen. Zunächst aber nur für rund sechs Wochen, bis zum 31. Oktober. Parallel dazu schrieb das BMV auch noch einen richtigen Sicherungsschlepper für die Folgezeit aus.

Die Entscheidung für einen solchen Sicherungsschlepper vertagte das Ministerium allerdings am 1. November 1995 auf unbestimmte Zeit. Stattdessen setzte es die Charter der MANTA bis auf Widerruf fort. Jetzt wurden die kritischen Stimmen schon deutlich lauter. Erst recht, als am 6. November ein polnisches Besatzungsmitglied der MANTA über Bord ging und seitdem als vermisst galt. Zusätzlich entfachte dieser Vorfall nun auch noch eine Diskussion um die Qualifikation und Bordsprache der Besatzung. Ungeachtet dessen verlängerte das BMV die Charter bis Ende 1995 – wohl auch aus Kostengründen.

Erst nach der Havarie des Öltankers SEA EMPRESS vor der walisischen Küste Mitte Februar 1996 begann im Ministerium das Umdenken. Zumal qualitative Analysen des Unfallgeschehens ergaben, dass eine größere und rechtzeitig vor Ort zur Verfügung gestellte Schleppleistung die Havariefolgen hätte deutlich vermindern können. Nun kam der Notschlepper BMS OCEANIC ins Gespräch. Er war bereits im September des Vorjahres aus seiner sechsjährigen Konservierung geholt worden und stand seitdem als möglicher Sicherungsschlepper für die Deutsche Bucht im Angebot.

Der Chartervertrag mit der OCEANIC lief zunächst nur von Ende März bis Ende Juli. Allerdings mit einer Option auf Verlängerung. Er galt aus Ministeriumssicht als »Zwischenlösung«. So lange, bis das neue Schadstoffunfall-Bekämpfungsschiff (SUBS) NEUWERK fertig und in Dienst gestellt sei und damit die Fragen zum Sicherungsschleppwesen an der deutschen Nordseeküste quasi automatisch beantwortet wären.

Jetzt folgten Charterverlängerungen in unterschiedlichen Abständen. Zunächst noch um fünf Monate bis Jahresende. Dann weiter bis Ende Februar 1997, Ende März, Mitte April, Ende April und letztlich – überraschend für nahezu alle Beteiligten – sehr kurzfristig noch bis Ende Juli des Jahres. Hatte man sich doch gedacht, sich die Bereitstellung eines Bergungsschleppers über die Sommermonate ersparen zu können. Heftige Proteste aus der Opposition und den Fachverbänden und -organisationen folgten auf dem Fuße. Das BMV sah sich nun genötigt, bei den Schiffbauversuchsanstalten Hamburg und Potsdam eine Klä-

Schutzwürdig: Das Wattenmeer; die Wasserbewohner; die Pionierpflanzen

rung der notwendigen Schleppkapazität in Auftrag zu geben. Beide Anstalten kamen eindeutig zum Schluss: Die Sicherung der Deutschen Bucht erforderte einen ständig zur Verfügung stehenden Bergungsschlepper mit mindestens 165 Tonnen Pfahlzug – und das auch im Sommer.

Nun war neben dem Streit über die Schleppqualitäten der Mehrzweckschiffe im Vergleich zu Hochseeschleppern ein neues Konfliktthema geboren und ein altes Konzept gestorben. Schwarz auf weiß stand fest, dass die Neuwerk mit ihrer erwarteten Schleppleistung von 110 Tonnen einen als nötig erachteten Bergungsschlepper nicht ersetzen konnte. Eine neue, europaweite Ausschreibung stand im Raum, und zwar möglichst bald. Aber mit welchen Leistungsvorgaben? Während diese Frage noch in der Diskussion stand, blieb die Oceanic weiterhin Notschlepper, wenn auch nur in monatsweisen oder bestenfalls halbjährlichen Verlängerungen.

Es kam, wie es kommen musste: Die Havarie der Pallas mit ungeahnten Umweltschäden erschütterte die maritime Welt. Eine gänzliche Umgestaltung des Sicherheitssystems für die deutsche Küste und ein neues Notschleppkonzept folgten. Der Streit ging weiter. Hielt das BMV eine Art »Version Light« für ausreichend, forderten Nautik- und Umweltschutzverbände, Küstenkommunen, Landesparlamente und letztlich auch Bundestagsabgeordnete jeweils einen Hochsee-Schlepper für die Nordsee als auch für die Ostsee. Deren Ausrüstung, so forderten sie, sollte im Hinblick auf die Veränderungen in der Schifffahrt auch noch in zehn Jahren den dann nötigen Spitzen-Leistungswerten entsprechen.

Bis dahin standen in der Fachöffentlichkeit nicht nachvollziehbare Handlungen und auch Nicht-Handlungen der Ministeriumsverwaltung in der Kritik. Sie verzögerten letztlich die Ausschreibung eines optimalen neuen Notschleppers über Jahre. Im Januar 2005 fand man einen Kompromiss, der dann allerdings auch nicht zur Ausführung kam. Die Ministerialbeamten hatten schlicht die jährliche Chartersumme von sonst rund neun Millionen Euro auf weit über 21 Millionen Euro erhöht, ohne dem Haushaltsausschuss des Bundestages dafür die pflichtgemäße Begründung zu liefern. Im neuen Etatentwurf wurde die Chartersumme trotz einer beschlossenen Leistungssteigerung dann wieder unbegründet reduziert. Jedenfalls entfachte das erneut Diskussionen über die richtige Ausstattung des Notschleppers. Eskalierend kam hinzu, dass selbst die Möglichkeit eines brennenden Containerschiffes mit einer Ladung, die eine »gefährliche Atmosphäre« entstehen lassen könnte, von der Verwaltung als nicht bedeutend eingestuft und Schlepper mit entsprechenden Schutzvorkehrungen für einen derartigen Einsatz für nicht erforderlich gehalten wurden.

Einen Schlusspunkt setzte schließlich der Deutsche Bundestag – dank des Engagements einiger

norddeutscher Abgeordneter, insbesondere auch aus der Großen Koalition. Am 29. Juni 2006 fiel die Entscheidung einstimmig zugunsten der technisch besseren Lösung. Die Abgeordneten wollten einen Notschlepper in der Deutschen Bucht stationiert sehen, der auch den gewachsenen Anforderungen der internationalen Seefahrt bei Schiffshavarien berücksichtigt, um möglichst großen Schaden von den Küsten abzuwenden.

Damit der gefasste Beschluss auch tatsächlich umgesetzt würde, versahen die Politiker die gleichzeitig beschlossenen Haushaltsmittel mit einem Sperrvermerk. Allerdings ohne gesetzte Frist für die Ausschreibung. So waren die Ausschreibungsunterlagen wohl schon im August 2006 fertig, aber das BMV verzögerte weiter und hielt erneut die zwingende Begründung zurück. »Zweifelhafte Informationen« aus dem BMV sorgten auch Ende Januar 2007 wieder dafür, dass die Freigabe der Ausschreibung nicht erfolgte. Im Ausschuss wuchs aufgrund der Informationen des BMV die Sorge, dass die bereitgestellten Mittel nicht reichen könnten. Außerdem entstand bei den Haushaltspolitikern der Eindruck, dass das Ministerium die Kostenschätzungen »hochtreibe«, um die über lange Zeit abgelehnten verbesserten Ausschreibungskriterien »doch noch zu hintertreiben«. [Vgl. MdB Ingbert Liebing (CDU)]

Am Ende dieser langen und schwierigen Vorgeschichte steht nun fest: Als Ersatz für die bewährte OCEANIC, die als Bergungsschlepper für den weltweiten Einsatz und Übersee-Verschleppungen bis in die Polargebiete gebaut wurde, kommt am 1. Januar 2011 ein Notschlepper-Neubau zum Einsatz, der für eine unmittelbare Gefahrenabwehr konzipiert ist. Er muss bei einem auf sechs Meter reduzierbaren Tiefgang die Leistung von 200 Tonnen Pfahlzug und 19,5 Knoten Geschwindigkeit erbringen. Gemäß den Richtlinien des Germanischen Lloyds wird er mit einem kompletten außenluftunabhängigen Gas- und Explosionsschutz ausgerüstet und ist somit für den Einsatz in »gefährlicher Atmosphäre« geeignet. Die Besatzung muss die deutsche Sprache in Wort und Schrift beherrschen und das Schiffsführungspersonal über gute Kenntnisse der englischen Sprache verfügen. Außerdem wird ein bordgestütztes Boardingteam mit einem nautischen Offizier und drei Schiffsmechanikern nebst Ausrüstung an Bord sein. Der Schlepper führt die Bundesflagge und ist im deutschen Erstregister eingetragen.

Nun entsteht im Auftrag der im September 2001 gebildeten Arbeitsgemeinschaft Küstenschutz (ARGE) – ein Zusammenschluss der drei führenden deutschen Schleppreedereien Bugsier-Reedereiund Bergungsgesellschaft mbh & Co. KG (Hamburg/Bremerhaven), Fairplay Schleppdampfschiffs-Reederei Richard Borchard GmbH (Hamburg) und Unterweser Reederei GmbH URAG (Bremen) sowie der WIKING Helikopter Service GmbH (Mariensiel) – auf der Wolgaster Peene-Werft der weltweit modernste Notschlepper.

Schutzwürdig: Die Seevögel; die Bewohner des Wattenmeeres

DER BAU BEGINNT

Erste Arbeitsschritte: Von der Konstruktion zum Einkauf

Zeitnah mit der Diskussion um die nötigen Leistungsparameter eines angemessenen Notschleppers betrieb die ARGE Küstenschutz entsprechende Projektstudien. Unter Einbeziehung der Kompetenz ihrer Mitglieder wurde dabei unter anderem ein sogenanntes »Sicherheitsschiff« mit für damalige Verhältnisse optimalen Werten konzipiert – und letztlich aus Kostengründen nicht umgesetzt. Als dann im Juni 2006 der Bundestagsbeschluss erfolgte, konnten diese Überlegungen, ergänzt durch aktuelle Anforderungen, nun in die konkrete Entwicklungsphase gehen.

Noch im selben Jahr beauftragte die ARGE das norwegische Büro für Schiffsdesign Skipskonsulent, den geplanten Nordsee-Notschlepper auf dem Reißbrett zu konstruieren. Ergänzend dazu machte man sich auf die Suche nach einer möglichen Bauwerft und wurde bei der damals noch zur Bremer Hegemann-Gruppe gehörenden Peene-Werft in Wolgast fündig.

Hier sah man sich in der Lage, für den Fall eines Gewinns der anstehenden Ausschreibung, die eigene Konstruktionsabteilung frühzeitig in die Feinplanung einzubeziehen und das Projekt erfolgreich zu realisieren. Im Mai 2008 fiel die Entscheidung: Die ARGE Küstenschutz gewann mit ihrem Schlepperentwurf den europaweiten Wettbewerb. Damit hatte die Peene-Werft den rund 45-Millionen-Euro-Bauauftrag in der Tasche. Die Werftmaschinerie lief an.

Bevor der eigentliche Fertigungsprozess beginnt, bedarf es natürlich der Entwicklung, Konstruktion und Planung aller zu tätigenden Arbeiten. Schließlich müssen die beteiligten Gewerke wie Schiffbauer, Ausrüster, Einrichter und Konservierer ja wissen, was sie wann, wie und wo ein- oder anbauen sollen. Zunächst jedoch vereinbaren Auftraggeber, Werftvertrieb und Entwicklungsabteilung in enger Kooperation die konkreten Planungsinhalte. Soll heißen, Reederwünsche, Entwurfspläne des Vorentwicklers, Werftvorschläge und zwingende Regularien müssen überein gebracht werden.

Ist das geschehen, beziehen die Entwickler die Konstruktionsabteilung mit ein. Deren Mitarbeiter

Die Peene-Werft: zertifiziert nach DIN EN ISO 9001:2000

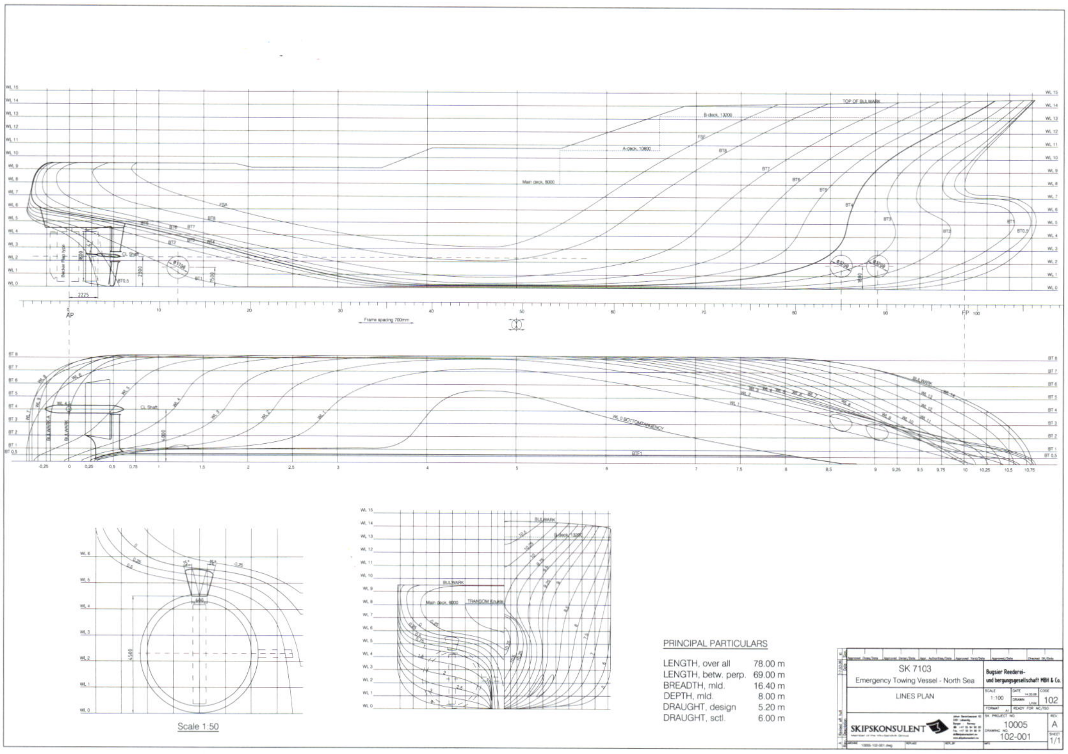

erstellen mit Hilfe moderner Computer Aided Design (CAD)-Systeme (TRIBON/NUPAS) alle für die Fertigung nötigen Berechnungen und Zeichnungen. Oft kommen dabei noch neue Ideen ins Spiel, es werden Möglichkeiten und Unmöglichkeiten geklärt. Natürlich immer im steten Austausch mit den zuständigen Kollegen von der Entwicklungsabteilung.

In den verschiedenen Büros der Werft herrscht höchste Konzentration. Schiffbau-Ingenieure, Konstrukteure, Techniker – überall sitzen Spezialisten, die sich aufgabenspezifisch differenziert bis ins kleinste Detail mit der Planung für Basic Design, Stahlschiffbau, Schiffsantriebs- und Maschinenmontage, Rohrmontage, Ausrüstung, Einrichtung, Ausbau, Kälte-, Klima-, und Lüftungsanlagen, Konservierung, Schallschutz, Isolierung, Elektrotechnik, Schwingungen und Festigkeit befassen. Der Computer ist dabei, wie heute allerorten üblich, natürlich unentbehrlich. Mit laufend optimierter

Spantenriss von Skipskonsulent; Der Konstrukteur fügt ein weiteres Rohrsystem hinzu; 3D-Ansicht einer Verrohrung zwischen zwei Decks im Maschinenraum

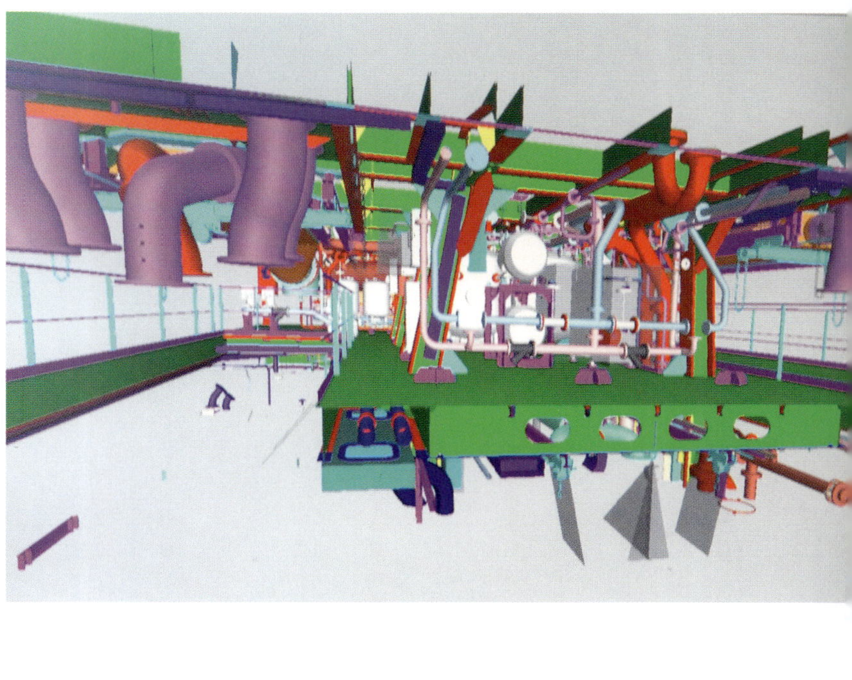

Software erarbeiten die Konstrukteure nun Schiffskonzepte und -entwürfe sowie schiffstheoretische Basisunterlagen und Pläne.

Noch in der ersten Hälfte des letzten Jahrhunderts fand die Schiffbauplanung auf sehr langen und meist oberhalb der Werkshallen liegenden Schnürböden statt. Die minutiös gezeichneten Linien- und Spantenrisse lagen dort häufig in Originalgröße zum Maßnehmen aus. Später dann, circa ab dem Zweiten Weltkrieg, wurden diese Arbeiten im Maßstab 1:10 auf die Zeichentische geholt, von wo die Einzelteilzeichnungen dank optischer Verfahren mit einer Genauigkeit von ± 0,1 Millimeter abgenommen werden konnten. Heute können sich die Planer den langen Weg hinauf zum Dachboden großer Werkhallen und sogar bis zum Zeichentisch ersparen. Vom überdimensionalen Spantenriss bis zur haarfeinen Elektroinstallation zeigen sich alle Bauelemente bis ins letzte Detail auf ihren Schreibtisch-Monitoren.

Mit Hilfe von 3D-Ansichten ist es den Anwendern sogar möglich, sich virtuell durch die jeweiligen Konstruktionen zu bewegen. Dabei können sie die von ihnen beeinflussten räumlichen Gegebenheiten untersuchen und schnell bestehende oder mögliche Schwachstellen aufspüren, die sich infolge ihrer Planungsschritte ergeben könnten. »Problem erkannt« wird so schnell zum »Problem gebannt«. »An dem Rohr, welches ich gerade dort eingebaut habe, würde man sich unter Umständen heftig den Kopf stoßen. Also kommt es etwas höher an dieser Wand entlang. Passt!«

Ist alles perfekt, gehen diese elektronischen Pläne samt der nötigen Informationen auf Knopfdruck in die Planungsabteilung. Hier findet die Produktionsvorbereitung statt, das heißt, alle Fertigungsaspekte – von der Ermittlung der Werftkapazitäten und deren effektivsten Auslastung, der zeitlichen Planung des Fertigungsablaufs, dem Einsatz von eigenen Mitarbeitern und Fremdfirmen bis hin zum nutzbringensten Einsatz der Maschinen – werden hier koordiniert. Eine enge Zusammenarbeit mit allen am Prozess beteiligten Abteilungen der Werft, wie den Fertigungsabteilungen und dem Einkauf, ist dabei viel geübte Praxis.

Und so kommen wir zu einer Abteilung innerhalb der Werft, die auf den ersten Blick kaum auffällt. Betrachtet man Fotos von einer Werft, sind darauf neben Werkhallen meist schiffbauliche und schweißtechnische Arbeiten zu sehen. In jedem Fall aber irgendetwas mit Metall, hohen Gewichten, großen Ausmaßen, Schmutz, Staub und Flammen. Computer-Arbeitsplätze sind da schon seltener. Und »ganz normale« Büroangestellte, die ohne offensichtlichen Bezug zum Schiffbau ihre Tätigkeit am Schreibtisch über Monitor und Tele-

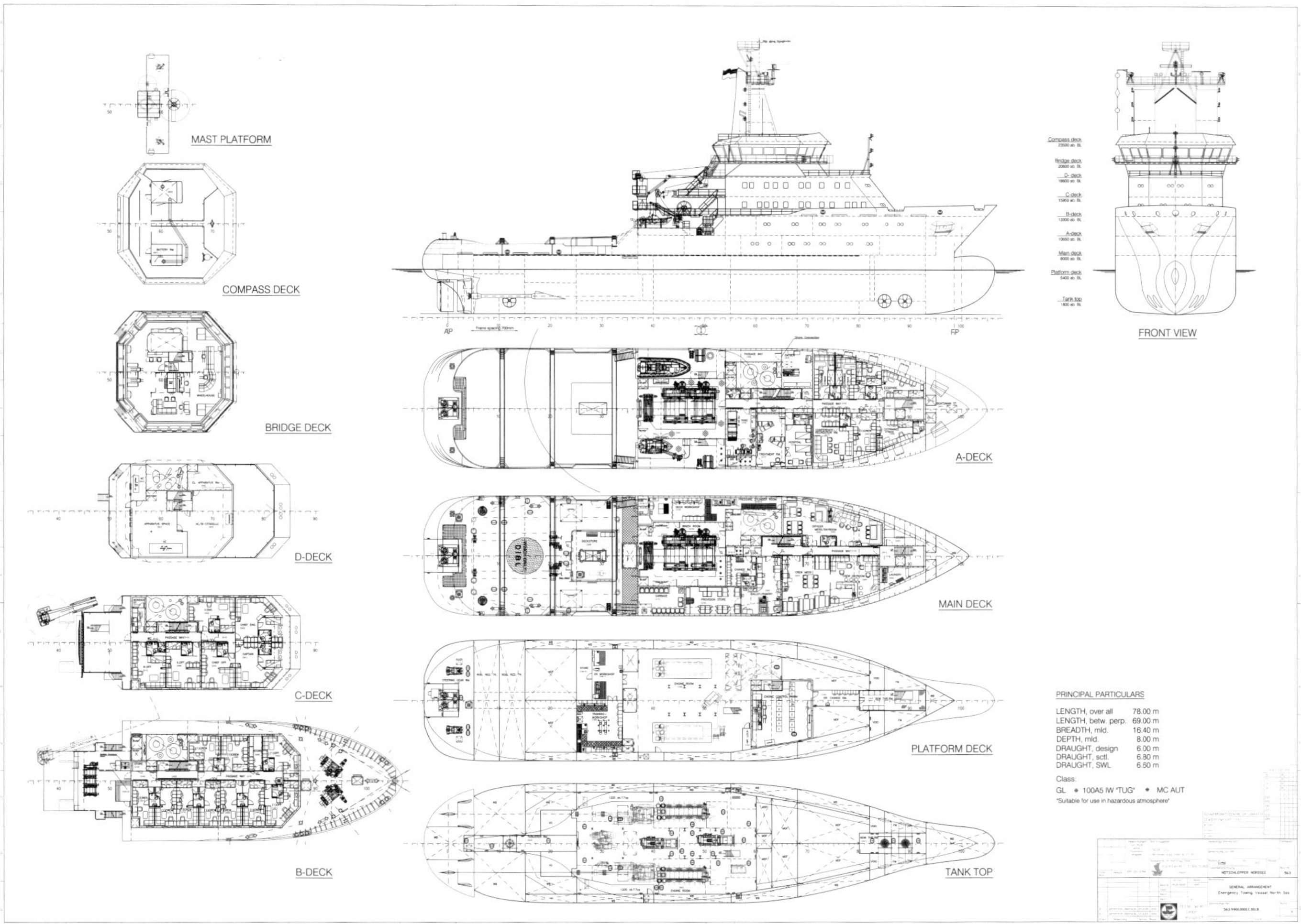

fon verrichten, kommen auf solchen Bildern fast gar nicht vor.

Trotzdem ist sie für das Werftgeschehen von enormer Bedeutung: die Einkaufsabteilung. Ohne sie gäbe es keine Schiffe. Und ohne ihre gute Arbeit hätte die Werft keinen oder bestenfalls nur einen sehr mäßigen Gewinn an den eigenen Erzeugnissen. Hier wird getan, was getan werden muss: gezielt eingekauft und die internationalen Beschaffungsmärkte permanent analysiert. Und das so gezielt und geschickt, dass die Qualität stimmt und sich der Preis für die Werft möglichst günstig gestaltet.

Zunächst einmal legt die Planungsabteilung fest, was an Material, Ausrüstung, Einrichtung und Dienstleistung grundsätzlich benötigt wird. Dann erstellt die Einkaufsabteilung in Abstimmung mit dem Auftraggeber eine Auswahlliste mit möglichen Anbietern, Herstellern und Lieferanten. An diese Liste haben sich die Einkäufer fortan zu halten.

Die Planer konkretisieren ihre Bestelllisten nun mit Grunddaten, woraufhin sich der Einkauf bei den gelisteten Lieferanten die Angebote einholt und sie an die Planung weiterreicht. Hier werden die Angebote gesichtet, ausgewählt und gegebenenfalls mit noch genaueren Angaben zurück an den Einkauf geschickt. Der klärt wiederum ab, was abzuklären ist, oder beginnt nach einem vorgegebenen Zeitplan mit den Bestellungen von Material und Leistungen. Die voraussichtlichen Lieferdaten werden dann der Planungsabteilung mitgeteilt und die pünktlichen Anlieferungen überwacht. Alles läuft Hand in Hand. Ständig fließen Informationen zwischen den Abteilungen.

Zu sehen ist davon für einen Außenstehenden, sprich einem Fotografen, natürlich kaum etwas. Die Arbeit läuft hauptsächlich über Computer, Post und Telefon, deutlich seltener über persönliche Kontakte zu den Lieferanten. Innerhalb des Hauses finden hingegen häufiger kurze Klärungsgespräche mit den Kollegen aus Planung und Konstruktion statt.

Linke Seite: Die Planungsabteilung legt Einzelheiten für den Bauprozess fest; Der Konstrukteur plant die Decksausrüstung; Die Einkaufsabteilung hat eine Schlüsselposition innerhalb der Werft

Diese Seite: Generalplan

20
18
HSVA

MODELLBAU FÜR DIE REALITÄT

Modell-Schleppversuche als Methode der Konstruktion

Wie bringt man zusammen, was nicht zusammen gehört? – Eine echte Herausforderung für die Entwickler bei Skipskonsulent und der Peene-Werft: Einerseits war für den Notschlepper Nordsee ein »hoher Pfahlzug« (200 Tonnen) gefordert – andererseits eine »hohe Geschwindigkeit« (19,5 Knoten). Und das auch noch bei verhältnismäßig geringem Tiefgang (sechs Meter)! Fachleute wissen: Will man einen hohen Pfahlzug, gepaart mit einer hohen Stabilität im Wasser, insbesondere bei starken Winden und hohem Wellengang, braucht man ein breites Unterwasserschiff und viel Tiefgang. Soll das Schiff sehr schnell sein, müsste der Rumpf eher lang und schmal ausfallen mit wenig Tiefgang. In jedem Fall aber benötigt es eine starke Antriebsleistung.

Hinzu kommen wirtschaftliche Aspekte. Um für den flacher gehenden Notschlepper die gewünschte Zugkraft zu erreichen, muss der dafür notwendige kleinere Propeller eine größere Antriebsleistung erbringen und die Propellerdrehzahl höher sein. Dies ist gegenüber einem größeren Tiefgang sowohl für den Schiffsbau als auch für die Unterhaltung teurer.

Eine schnellere Rotation der kleineren Schraube könnte also theoretisch den nötigen zusätzlichen Schub erzeugen. Aber was ist mit der Kavitation? Durch den Hohlsog entstehen an den Schraubenblättern derart starke Unterdrücke, dass sich im Wasser Gasblasen bilden, die schlagartig wieder in sich zusammenstürzen. Die dabei freigesetzte Energie kann Löcher in Propeller und Ruder reißen, sie mit der Zeit sogar zerstören. Des Weiteren erzeugt Kavitation bei Schiffen auch noch starke Vibrationen mit all ihren Negativfolgen. Nach solchen Überlegungen wird schnell klar, dass eine Erhöhung der Propellerumdrehung zur Steigerung der Schubkraft für den neuen Notschlepper nicht in Frage kommt. Zumal gerade in der Nordsee relativ häufig mit Schlechtwettereinsätzen zu rechnen ist und der Notschlepper eine sehr hohe Stabilität aufweisen muss. Viel zu tun also für die mit dem Grunddesign befassten Entwickler des norwegischen Schiffsplaners und für die Konstrukteure der Peene-Werft, um Anforderungen, die über das »Übliche« weit hinaus gehen, zu erfüllen.

Schiffe können heute zwar weitgehend virtuell gebaut werden. Solche virtuellen Konstruktionen basieren in der Regel aber auf bekannten Erfahrungswerten, die in das Planungsprogramm eingegeben werden können. Bei völlig neu zu konzipierenden Schiffen, wie diesem Notschlepper, kommen jedoch ganz neue, unberechenbare Komponenten ins Spiel, Überraschungen, Ungenauigkeiten oder gar Probleme sind nahezu »vorprogrammiert«. Ein neu zu bauendes Schiff stellt ein derart komplexes System dar, dass es einfach unmöglich ist, alle denkbaren Situationen theoretisch zu berechnen und vorherzusehen. Sie müssen schlicht ausprobiert werden. Und das geht naturgemäß nicht mit einem Schiff in Originalgröße.

So baute die Hamburgische Schiffbau-Versuchsanstalt (HSVA) unter der Modellnummer 4440 schon sehr frühzeitig den bis dato konzipierten Schiffsrumpf inklusive Antrieb im Modellmaßstab. Groß wie ein echtes Ruderboot, zeigte das Holzmodell im Test schnell die Grenzen der rein

Lösungssucher im Modellversuch; Gespannte Erwartungen bei der Modellfahrt; Das Schraubenwasser im Modellversuch; Rauchende Köpfe in der Modellversuchsanstalt; Der Rumpf zeigt seine Stärken bei schneller Fahrt

Das Vorbereiten der Modellschraube; Eine Schraube mit Ruder und Düse; Montieren der Modellschraube; Die Arbeit ist geschafft, die letzten Anpassungen am Rumpf gehen in die Erprobung; Montieren der Modellschraube im »Hafen« des Schlepptanks

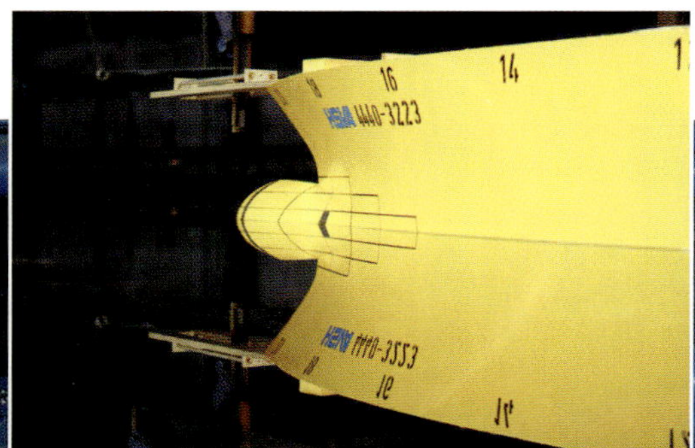

erfahrungsbasierten Schiffsplanung. Gleichzeitig lieferten die Messdaten neue Ansatzpunkte für Verbesserungen im Wechselwirkungssystem Schiff–Schraube–Ruder.

Mit diesen Testdaten ließ sich für die Konstrukteure in Wolgast gut weiterarbeiten. Sie feilten an der Rumpfform des Zwei-Schrauben-Schleppers, optimierten Schrauben und Düsen und vergrößerten nicht zuletzt auch noch den Bugwulst – was sich im Modellversuch und später beim Original als äußerst vorteilhaft erwies.

Aufgehängt an einem Schleppwagen durchpflügte der rund 650 Kilogramm messende Modellrumpf den 300 Meter langen und 18 Meter breiten Schlepptank in sieben Geschwindigkeitsstufen zwischen zehn und 21 Knoten. – Eine realitätsnahe Demonstration, wie sich das Originalschiff später verhalten würde. Bei dieser Gelegenheit wurden auch gleich Versuche im simulierten Seegang durchgeführt. Gerade im Einsatzgebiet Nordsee sind aufgrund von Wind-, Wetter- und Wellenlage heftige Schiffsbewegungen zu befürchten. Das frei schwimmende Modell gab beim Tauchen, Stampfen und Rollen im Wellengang wertvolle Hinweise auf die zu erwartenden Reaktionen des Originalrumpfes bei kleineren bis zu sehr hohen Wellen. Ergebnis: Der Neubau wird extremen Wetterlagen gewachsen sein und auch unter härtesten Bedingungen lange schwimmfähig bleiben.

BRENNBEGINN

Feierlicher Akt zum Baustart

Freitag, 14. August 2009, 12.27 Uhr, Peene-Werft Wolgast, Halle 161, Brennzentrum. Vier Hände senken sich gemeinsam auf einen großen roten Knopf und setzen damit, symbolisch, den Zuschnitt der ersten Stahlbauplatte für den Neubau »563« in Gang – den zukünftigen Notschlepper für die deutsche Nordseeküste. Etwa 30 Gäste verfolgten den feierlichen Akt.

Als Festredner ergriff zunächst Peene-Werft-Geschäftsführer Torsten Moschell das Wort. Er versprach allen Anwesenden eine professionelle Abwicklung des Bauauftrages, Flexibilität im Umgang mit Kundenwünschen und vor allem Termintreue. Der Neubau gelte weltweit als der modernste Notschlepper. Seine Peenewerker, so versicherte er, würden die Gelegenheit nutzen, sich mit diesem Auftrag einmal mehr als hoch qualifizierte Spezialschiffbauer zu profilieren.

Als Vertreter des späteren Charterers, dem Bundesverkehrsministerium, drückte auch Staatssekretär Prof. Dr. Engelbert Lütke Daldrup seine Freude aus, dass nun eine deutsche Werft dieses Spezialschiff baue. »Davon profitiert nicht nur die Peene-Werft in Wolgast. Der Bau gibt auch einen wichtigen Auftragsschub für die Zulieferbetriebe, stärkt die Unternehmen und schafft Arbeitsplätze in der Region.« Der hohe technologische Standard an der Küste zeige, dass die deutsche Werftindustrie sich besonders auch im Hightech-Bereich international durchsetzen könne.

Der neue Notschlepper Nordsee stelle einen zentralen Bestandteil der maritimen Notfallvorsorge dar, die nach dem PALLAS-Unglück 1998 von der Bundesregierung eingerichtet wurde. Aufgabe des Notschleppers sei es, Schiffe freizuschleppen, das Zutreiben auf die Küste zu verhindern und vor dem Stranden zu schützen. Das neue Schiff gehöre zur Spitzenklasse der Spezialschlepper und sei das erste dieser Art. »Mit diesem Schlepper sorgen wir für noch mehr Sicherheit auf der deutschen Nordsee – sowohl für die Schiffs-Besatzungen als auch für die Küsten.« Der neue Notschlepper solle ab 1. Januar 2011 die OCEANIC ersetzen und dann für zunächst zehn Jahre im Auftrag des Bundesverkehrsministeriums havarierten Schiffen vor der deutschen Nordseeküste helfen. Rund 114 Millionen Euro stelle der Bund an Charterkosten für diese Zeit bereit.

»Qualität zahlt sich aus, wenn auch manchmal erst nach vielen Jahren«, betonte Jan-Wilhelm Schuchmann, Chef der in Hamburg und Bremerhaven ansässigen Schlepp- und Bergungsreederei Bugsier. Hier trat er stellvertretend für die ARGE Küstenschutz auf, deren Mitglieder gemeinsam die Notschlepper-Betreibergesellschaft NORTUG Bereederungsgesellschaft GmbH & Co. KG tragen. In seiner Rede erinnerte er sich an einen Besuch Anfang der 90er Jahre auf der Peene-Werft. Damals hätte er hier den Bau von Hafenschleppern in Auftrag gegeben. »Das sind noch heute unsere hochwertigsten Schlepper«, lobte er. Ein Tatbestand, der auch die ARGE letztendlich im Mai 2008 dazu bewogen hätte, »die Peene-Werft mit diesem neuen, sehr anspruchsvollen Auftrag zu betrauen«.

Vorstellen des Brennplanes; Festschmuck

Mitte, von links: Hegemann-Vorstand Siegfried Crede, Bugsier-Chef Jan-Wilhelm Schuchmann, Staatssekretär Prof. Dr. Engelbert Lütke Daldrup und Werft-Chef Torsten Moschell am Roten Knopf; Festredner: Staatssekretär Prof. Dr. Engelbert Lütke Daldrup

MATERIALVORBEREITUNG

Den Stahl verwendbar machen

Bevor Stahlplatten und Profile in die Teilefertigung und weiter in die Montage gehen können, müssen sie in die Vorbehandlung. Dazu gehören die automatisierten Arbeitsgänge »Richten«, »Entzundern« und »Vorkonservieren«.

Wenn Stahlplatten aus dem Stahlwerk kommen, weisen sie manchmal ungewollte Deformationen wie Beulen oder Wellen auf (bei Profilen kommt das aufgrund ihrer großen Eigensteifigkeit eher selten vor). Diese können durch eine ungleichmäßige Abkühlung oder auch durch einen unsachgemäß ausgeführten Transport entstehen. Solche Formabweichungen des Platten- und Profilmaterials dürfen nur geringe Toleranzen aufweisen und müssen auf jeden Fall gerichtet werden, um spätere Komplikationen zu vermeiden.

Das Richten findet im kalten Materialzustand statt. Die Platten werden in sogenannten Richtwalzen – einem System mit gegeneinander versetzt angeordneten Ober- und Unterwalzen – der nötigen Richtwirkung ausgesetzt. Dabei ist der Abstand zwischen der Unterkante der Oberwalzen und der Oberkante der Unterwalzen während des Richtens so bemessen, dass er minimal kleiner ist als die Dicke der jeweiligen Platte.

Während des Walzens im Stahlwerk bildet sich eine vielschichtige Zunderhaut auf den Stahlplatten. Sie blättert teilweise durch mechanische Einwirkungen ab. Stellenweise findet sogar eine Unterrostung statt. Da diese Haut, die aus unterschiedlichen Oxidschichten besteht, als Haftgrund für einen Farbanstrich ungeeignet ist, muss sie zuvor entfernt werden. Das nennt man Entzundern, was gleichzeitig auch eine Entrostung der Materialoberfläche mit einschließt.

Grundsätzlich sind im Schiffbau drei Entzunderungsverfahren bekannt: thermisch (Flammstrahlen), chemisch (Beizen) und mechanisch (Strahlen), wobei sich die mechanische Strahlentzunderung schon seit Mitte der fünfziger Jahre des letzten Jahrhunderts in den meisten Werften durchgesetzt hat. Dabei wird das aus kleinen Metallkörnern bestehende Strahlgut mit hoher Geschwindigkeit auf die Oberfläche der nach dem Richten getrockneten Stahlplatte geschleudert. Da die Zunderschicht deutlich härter und damit unflexibler ist als das Walzmaterial, platzt sie beim Aufprall der Metallkörner ab.

Neben dem Entzundern muss das Strahlgut auch einen Schabeffekt erzeugen, der eine Entrostung bewirkt. Um diese beiden unterschiedlichen Wirkungen zu erzielen, ist ein genau aufeinander abgestimmter Mittelwert von Körnergröße und Strahlgeschwindigkeit erforderlich. Während sie für den Abplatzeffekt eher größer und schneller sein sollten, dürfen sie für den Schabeffekt zum Entrosten nicht zu groß oder schnell sein. Sonst bestünde die Gefahr, dass die Oberfläche zu tief aufgeraut und der Vorkonservierungsanstrich (Primer) zu ungleichmäßig ausfallen würde.

Zunderhaut; Aufbringen eines Primers auf die Stahlplatte

Nach der anschließenden Entstaubung läuft die zunder- und rostfreie Platte direkten Weges weiter in die Farbspritzanlage. Hier wird sie mit einem Primer beschichtet, der eine erneute Rostbildung auf der Oberfläche der Stahlplatten während der folgenden Fertigungsprozesse verhindern soll.

Der Primer soll eine ganze Reihe von Aufgaben und Anforderungen erfüllen. Zunächst einmal muss er eine ausreichende Schutzwirkung erzielen, selber gut auf dem Untergrund haften und dem später folgenden Grundanstrich eine gute Haftungsgrundlage bieten. Der Anstrich muss überschweißbar sein, ohne sich negativ auf Qualität und Geschwindigkeit des Schweißprozesses auszuwirken. Bei thermischer Behandlung wie Brennen oder Schweißen dürfen keine giftigen Dämpfe entstehen. Zudem muss der Primer schnell trocknen und als Schutzschicht durchhärten. Gegen mechanische Beanspruchungen, wie zum Beispiel beim Umformen, ist von einer Vorkonservierung letztlich auch noch eine hohe Widerstandsfähigkeit zu erwarten.

Der Primer selbst wird in einem Arbeitsgang mit senkrecht zu den Stahlplatten stehenden pneumatischen Farbspritzdüsen, die sich gleichmäßig spritzend hin und her bewegen, beidseitig aufgetragen. Dieses Verfahren zum Aufbringen von Konservierungsmitteln praktiziert die Industrie bereits seit den 30er-Jahren des letzten Jahrhunderts. Das Konservierungsmittel wird mit Druckluft zur Spritzdüse befördert, wo es auf einen getrennt zugeführten zweiten Druckluftstrahl stößt. Der zerstäubt den Primer beim Austritt aus der Düse und verteilt so die entstehenden Farbpartikel gleichmäßig und dünn über die zu konservierende Fläche.

Die Anlagen zur Materialvorbehandlung sind so angeordnet, dass die Stahlplatten ihre Entzunderung und Vorkonservierung ohne Unterbrechung kontinuierlich durchlaufen können. Vor der Entzunderungsanlage befindet sich noch eine Vortrocknung, da die unter freiem Himmel lagernden Platten häufig im feuchten Zustand zugeführt werden. Ohne eine Vortrocknung bestünde die Gefahr, dass Strahlgut und abgeplatzter Zunder miteinander verklumpen. Das würde eine Wiederaufbereitung des Strahlgutes erheblich erschweren. Außerdem ist eine trockene Materialoberfläche elementar für Haftung und Haltbarkeit der Vorkonservierungsfarbe. Zur besseren Weiterverarbeitung durchläuft die konservierte Stahlplatte noch eine Nachtrocknungsstation, die ihre Wärme aus der Abluft der Vortrocknungskammer bezieht.

Von all dem ist nicht viel zu sehen, der gesamte Prozess findet in geschlossenen Systemen statt. Danach kann das Stahlmaterial in den Fertigungsprozess gehen.

Plattentrocknung; Aufbringen eines Primers auf Stahlprofile

LAGER

Das Grundmaterial

Planer, Konstrukteure und Einkäufer haben ihre Arbeit erledigt. Die ersten Materialien sind angeliefert und die offen sichtbare Arbeit beginnt. Darauf habe ich gewartet. Im Lager unzähliger rostfarbener Stahlplatten bieten sich interessante Fotoperspektiven. Schiffsbau »objektiv« betrachtet, als sachliche Dokumentation. Aber auch in seiner ganz eigenen Ästhetik, oft erst auf den zweiten Blick.

Unter freiem Himmel warten die genormten Platten auf ihre Verwertung. Sie gehören zu den wichtigsten Grundwerkstoffen für den neuen Schlepper. Das auf dem Landweg angelieferte Walzmaterial wird mit Hilfe spezieller Krananlagen entladen und zunächst am Ende des Plattenlagers zwischengelagert. Dort können die Lieferfahrzeuge beliebig rangieren, ohne den allgemeinen Betriebsablauf zu stören. Außerdem wird das Material im Zwischenlager, sofern das nicht schon im Walzwerk geschehen ist, numerisch signiert. Die Kennzeichnung mit Maßen und Verwendungszweck erleichtert später die Zuordnung der Platten.

In unmittelbarer Nähe zur Schiffbauhalle liegt das Hauptlager. Hier verbleibt der flache Stahl bis zur weiteren Verwendung. Wichtig ist die optimale Anordnung der nach Abmessungen und Materialqualität sortierten Stapel. Je kürzer und übersichtlicher die Transportwege, desto reibungsloser der Materialfluss für die Weiterverarbeitung im Bauprozess. Außerdem müssen die Platten waagerecht lagern, um eine rationelle, mechanisierte oder gar automatisierte Anschlag- und Transportarbeit zu ermöglichen.

Wichtigstes Transportmittel im Stahllager ist ein elektrisch betriebener Brückenkran. Der Kran sitzt auf einer Brücke, die auf stabilen Beinen steht und über den ganzen Lagerplatz hinweg auf zwei Schienen läuft.

Für das Anschlagen und den Transport von Platten- wie Profilmaterial werden hier blockartige Lastmagnete verwendet. Sie sind in zwei Reihen an einer mit dem Kranhaken verbundenen Traverse befestigt. Durch eine Dreipunktaufhängung wird ein Pendeln der einzelnen Magnete deutlich eingeschränkt. Beim Ausfall der Netzspannung übernehmen Pufferbatterien die Stromversorgung der Lastmagnete. So ist gewährleistet, dass die Transportstücke nicht von der Traverse abfallen können. Diese Technik ermöglicht dem Kranführer sicheres und präzises Arbeiten.

Hier lagern Stahlplatten und -profile bis zu ihrer Verwendung; Stahlprofile werden auf eine Transporteinheit verladen

Plasmabrennen im Wasserbad; Die Platte wird signiert; Die Platte ist fertig gebrannt; Brennen eines Profils. Ausschnitte zweier gebrannter Platten. Baunummer eines Einzelteils.

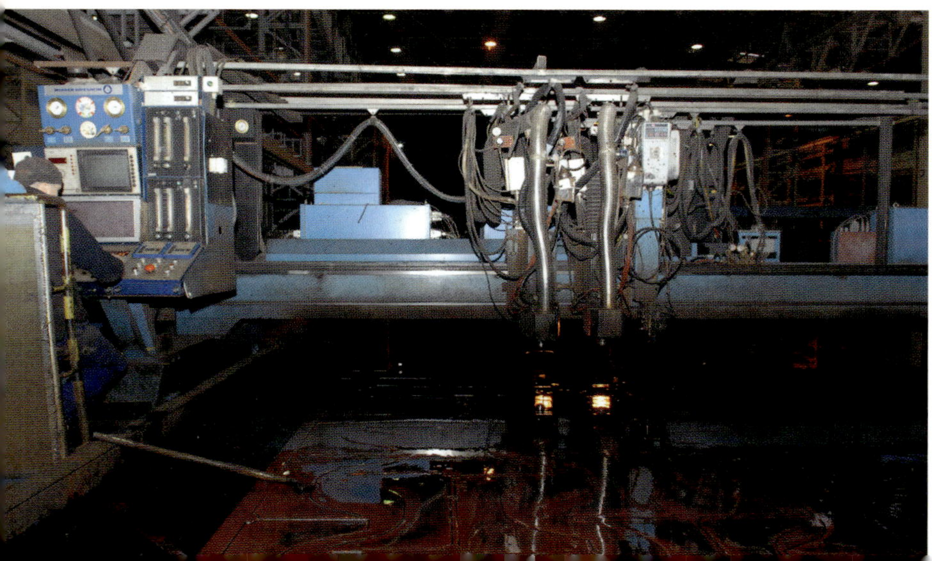

BRENNEN

Die Einzelteile entstehen

Jetzt ist entscheidend, welche Stahlplatte komplett in die Weiterverarbeitung geht. Und aus welcher möglichst viele Einzelteile herausgeschnitten werden, die dann wiederum in die Weiterverarbeitung gehen. Wir sind beim Brennen.

Das Schneiden von Metall geschieht mittels thermischer Verfahren. Eine spezielle Brenntechnik ermöglicht es, verschiedene Bauteile, gewalzte Profile und Stahlplatten passgenau in verschiedenste Einzelteile zu schneiden oder den Platten »nur« eine schräge Schweißkante zu verpassen. An den einzeln ansteuerbaren Lastmagneten des Krans »schweben« die »Materialspender« direkt auf den thermischen Brenntisch mit seinem groben Gitterrost.

Zu jeder Stahlplatte gehört ein minutiöser und möglichst materialsparender Brennplan. Die Leute von der Konstruktionsabteilung übertragen ihn per Datenleitung direkt in den Steuercomputer des Brenners. Dort ruft der zuständige Mitarbeiter das entsprechende Programm auf und – da versagt noch die Computertechnik – richtet jede Platte manuell korrekt aus. Das heißt, er muss dem Brenner die Platte unter Umständen mit dem Brecheisen passgenau positionieren und ihm zeigen, wo der Anfangspunkt für den Brennbeginn liegt. Ab da greift wieder selbstständig und gründlich die Technik, nur bei Problemen ist der Mensch erneut gefragt.

Zunächst signiert ein kleiner Brenner die Platte an bestimmten Stellen mit Linien, denen immer zwei Spitzen beigegeben werden. Entlang dieser Linien werden irgendwann die Bauteile angesetzt, wobei deren äußere Kante direkt mit der Linie abschließen und die Materialstärke in Richtung der Spitze zeigen soll.

Zudem werden alle Einzelteile noch mit einem Buchstaben- und Zahlencode gekennzeichnet, bevor sie ausgeschnitten in die weitere Produktion gehen. Dieser aufgetragene Code zeigt an, zu welchem Schiff das Teil gehört und wo genau es zu platzieren ist.

Noch bis in die 40er-Jahre des letzten Jahrhunderts hinein war es üblich, das Trennen der schiffbaulichen Teile mechanisch mittels Scheren vorzunehmen. Doch dann setzte sich zunehmend die thermische Anwendung durch. Die Gründe dafür liegen auf der Hand: Das Brennen bot gute Möglichkeiten für eine Automatisierung. Sowohl in der praktischen Ausführung – insbesondere von Kurvenschnitten – als auch im Materialverbrauch bewies sich diese Technologie als wesentlich wirtschaftlicher. Außerdem ist die Bearbeitung sehr viel dickerer Bleche möglich. Und die Kantenvorbereitung für das spätere Schweißen kann gleich in einem Arbeitsgang mit erledigt werden. In der Regel kommen in den Werften zwei thermische Trennverfahren zum Einsatz: das Brennschneiden und das Plasmaschneiden.

Beim Brennschneiden wird das Material zunächst durch Wärmezufuhr an der Schnittstelle bis auf seine Zündtemperatur aufgeheizt. Die Zündtemperatur ist diejenige Temperatur, bei der ein Werkstoff lebhaft mit Sauerstoff reagiert. Als Wärmequelle dient das Verbrennen von Brenngas (meist Azetylen) und Sauerstoff. Nach dem Aufheizen des Materials bläst ein geometrisch exakt ausgerichteter Sauerstoffstrahl auf die Schnittstelle. Das Metall oxydiert und wird als Schlacke vom Sauerstoffstrahl aus der Trennfuge herausgeblasen.

Als deutlich schnellere thermische Trennmethode gilt das Plasmaschneiden. Im Plasmabrenner wird das Gas durch einen elektrischen Lichtbogen auf eine so hohe Temperatur erhitzt, dass seine Moleküle zerfallen. Ein Teil der Elektronen und Ionen löst sich dabei vom Atom. Durch diesen Effekt wird das Gas ionisiert, das heißt, es wird elektrisch leitend. Die Schneiddüse mit ihrer kleinen Bohrung bewirkt in Folge einen stark gebündelten und eingeschnürten Plasma-Schneid-Strahl mit extrem hoher Temperatur (bis zu 30.000° C). Er bringt Metalle sehr schnell zum Schmelzen. Seine hohe kinetische Energie sorgt dafür, dass die Schmelze aus der Schnittfuge herausgeschleudert wird. Es ergibt sich ein sauberer und glatter Schnitt.

Üblicherweise findet das Plasmaschneiden in einem Wasserbad statt. Hierbei ist der Lichtbogen von einer aus einer Ringdüse austretenden Wasserglocke umgeben. Da sich die zu zertrennende Metallplatte unterhalb des Wasserspiegels befindet, werden die beim Brennen entstehenden Schneidgase, Dämpfe und Stäube sogleich im Wasserbad gelöst und müssen nicht noch aufwendig abgesaugt werden. Außerdem wirkt das Wasserbad schalldämmend und als Kühlmittel für das erhitzte Metall, was ein wärmebedingtes Verziehen des Plattenmaterials deutlich reduziert.

UMFORMEN

Einzelteile bekommen Figur

Ein großer Teil Stahlplatten und -profile muss der Außenhautkrümmung des Schiffsrumpfes entsprechend umgeformt werden. Dieser in der Regel kalte Umformungsprozess findet unmittelbar in Nachbarschaft der Brennstationen innerhalb der Werkshallen statt. Dort werden die Platten – von Menschenhand und -auge geführt – mit Hilfe von hydraulischen Hämmern, Pressen oder Biegewalzen in Form gebracht.

In der Vergangenheit dominierte beim Umformen von Platten und Profilen die sogenannte Warmumformung. Dabei erhitzte man zum Beispiel die Platten in einem eigens dafür betriebenen Glühofen, bis sie rotglühend waren. Anschließend legte man sie an den Kanten abgestützt auf einer Lochplatte ab. Jetzt begann die Arbeit der menschlichen Umformer mit ihren Vorschlaghämmern. Alternativ schlugen sie die Platte auch in spezielle Holzgesenke.

Ungefähr ab 1930 begann das Umformen mit kalten Platten. Sie wurden mit Hilfe von hydraulischen oder mechanischen Pressen in die passende Form gebracht. Eine Methode, mit der sich die Arbeitsleistung grob auf das Zwei- bis Dreifache steigern ließ. Lediglich sehr komplizierte Umformungen wurden auch damals noch warm vollzogen. Heute ist die Kaltumformung Standard. Nur in Einzelfällen greift man auf die alte Verfahrensweise zurück.

In der Regel kommen Biegepressen zum Einsatz. Sie eignen sich besonders gut für die zweiachsig gekrümmten Platten des Vor- und Hinterschiffs. Die Presse ist hydraulisch angetrieben und kann viele hundert Tonnen Druck entwickeln. Die zu bearbeitende Platte wird hauptsächlich mit einem Kran an Hubzügen in Richtung ihrer Längsachse geführt und auch um diese gedreht. Die Drehbewegung der Platte ist erforderlich, damit sie während der Umformung voll auf dem Unterwerkzeug aufliegt. Während des Pressvorgangs liegt die Platte auf dem zweckgemäß austauschbaren Unterwerkzeug auf und wird vom entsprechend geformten Oberwerkzeug am Pressstempel punktuell durchgedrückt. Durch das Aneinanderreihen von partiel-

Rollumformung mit einer Platte; Verstellschablone; ausgeformte Platten; Kranarbeit; Rollumformung; Biegepresse; Anzeichnen mit Kreideband

Profilumformung mittels Horizontalbiegepresse

lem Druck verformt sich die Platte und nähert sich allmählich der gewünschten Form an. Hier zählen ganz besonders die persönlichen Erfahrungswerte der am Schaltpult stehenden Schiffbauer. Als Hilfswerkzeuge dienen ihnen eigens gefertigte Papp- und Holzschablonen oder passend eingestellte Verstellschablonen.

Gleiches gilt für die auf dem Eingangsbild dieses Kapitels erkennbare Rollumformung. In nebeneinander liegenden Spuren wird hier das Material durch selbst angetriebene konvexe und konkave Rollen mit variablen Stärken durchgedrückt und ruft somit eine Verformung der Platte hervor.

Neben Biegepressen kommen auch sogenannte Biegewalzen zum Einsatz. Damit werden vor allem großflächige Außenhautplatten einachsig umgeformt. Für stark begrenzte einachsige Krümmungen verwenden Werften gern Gesenkbiegepressen, wie hier auf den Bildern zu sehen.

Die wie auch immer gekrümmten Stahlflächen müssen aus Stabilitätsgründen mit Profilen versteift werden. Und natürlich müssen sie eine mit der jeweiligen Platte kompatible Krümmung aufweisen. Diese Krümmung wurde noch in den 60er-Jahren des letzten Jahrhunderts nach handwerklichen Methoden warm vollzogen. Die schlechte Energieausnutzung der Öfen und die außerordentlich schwere Arbeit bei der Profilumformung selbst sowie die kaum vorhandenen Mechanisierungsmöglichkeiten führten dann ab 1955 auch hier schrittweise zur Einführung der Kaltumformung.

Profilumformung mittels Gesenkbiegepresse

Profilumformung mittels Biegepresse; Kantenschutz für Material und die Menschen

Das im Schiffbau am häufigsten praktizierte Verfahren ist die »Profilumformung auf Horizontalbiegepressen mit schrittweisem Vorschub«. Bei dieser Variante ruht das Profil an zwei feststehenden seitlichen Auflagern. Es wird durch einen hydraulischen Pressstempel gedrückt, der sich mittig auf der gegenüberliegenden Seite befindet, und auf diese Weise umgeformt. Ähnliche Systeme gibt es auch mit einem festen Auflager und zwei Pressstempeln oder vier festen Auflagern und einem seitlich angeordneten Pressstempel.

Neben den Platten und den Profilen werden in der Regel auch die im Schiff verbauten Rohre kalt gebogen. Die dafür nötigen Rohrbiegemaschinen, die nach dem Prinzip des Dornbiegens arbeiten, befinden sich meist in werfteigenen Werkstätten auf dem Werftgelände, zumal dieser Arbeitsgang eng mit dem schiffbaulichen Prozess verzahnt ist und viele Rohre schon sehr früh eingebaut werden.

FLACHBAU

Einzelteile werden zu Gruppen

Wenn das Baumaterial – wie auf den vorhergehenden Seiten beschrieben – für die Weiterverarbeitung vorbereitet ist, können die ersten schiffbaulichen Arbeiten erfolgen.

Auf der Peene-Werft wird der Notschlepper in der auf nahezu allen modernen Werften üblichen Sektionsbauweise gefertigt. Das bedeutet, der gesamte Schiffskörper wird planerisch und fertigungstechnisch in verschiedene Einzelteile aufgeteilt, die dann weitgehend vorgefertigt und ausgerüstet zu immer größeren Sektionen und letztlich zum gesamten Schiff zusammengefügt werden. Kleinere Sektionen können sowohl größere Flächen als auch volumenhaltige Baugruppen und sogar ganze Schiffsteile sein, wie zum Beispiel Teile vom Heck oder dem Vorschiff.

Zunächst einmal werden die vorbehandelten Stahlplatten zu sogenannten Plattenfeldern zusammengefügt. Ihre Länge und Breite richtet sich größtenteils nach den später zu erstellenden Flächensektionen, die sich meist über die ganze Schiffsbreite erstrecken. Die Platten werden hier im UP-Verfahren (Unterpulver-Verfahren) miteinander verschweißt. Dieses Verfahren eignet sich insbesondere für lange Nähte. Es ist leicht zu automatisieren, arbeitet robust und stabil und weist in Verbindung mit Metallpulvern eine hohe Fertigungsgeschwindigkeit auf.

Beim UP-Schweißen wird eine Fülldrahtelektrode laufend unter einem Haufen körnigen Schweißpulvers abgeschmolzen. Der eigentliche Schweißprozess findet dabei weitgehend unsichtbar in einem Hohlraum unter dem annähernd luftdicht abschließenden Pulver statt. Alles, was beim Verschmelzen von dem aus verschiedenen mineralischen Bestandteilen bestehenden Pulver nicht mit verschmolzen ist, wird sofort aufgesaugt und wieder verwertet. Die halbrund verschmolzene Pulverschlacke kann nach dem Erkalten von der Naht abgeschlagen und entsorgt werden.

Bevor die Platten zusammengeschweißt werden können, müssen sie so zueinander positioniert werden, dass zwischen ihnen ein vorgeschriebener Schweißspalt entsteht. Der Liegeabstand der Platten zueinander wird an beiden Enden durch sogenannte Vor- und Nachschweißbleche fixiert. Zudem werden unter Umständen manuell über die gesamte Länge des Spaltes einzelne Heftschweißungen vorgenommen.

Das Plattenschweißen findet in der Regel auf ebener Fläche statt. Als Werkflächen dienen sowohl Hallenböden und -podeste als auch Rollenfelder mit einer computergesteuerten Schweißbrücke. Auf ebenem Untergrund werden meist kleine UP-Traktoren eingesetzt. Sie funktionieren überwiegend vollmechanisch und ziehen sich mit eigenem Antrieb auf der Schweißlinie voran. Allerdings können sie auch von Hand geführt werden. Während der Flachbauphase werden auch schon nötige Rahmen, wie Mannlöcher, in die Stahlplatten eingesetzt.

Gekrümmte Platten, die sich zum Verschweißen naturgemäß nicht plan auf dem Boden auslegen lassen, fügt die Peene-Werft auf Stempelfeldern zusammen. Diese bestehen aus einer größeren Anzahl von vertikal verstellbaren Stempeln, die man der Formvorgabe des Plattenfeldes exakt anpassen kann. Auf die fertigen ebenen bzw. gekrümmten Plattenfelder werden schließlich deren Form entsprechende Versteifungen aufgeschweißt, um das Ganze zu stabilisieren.

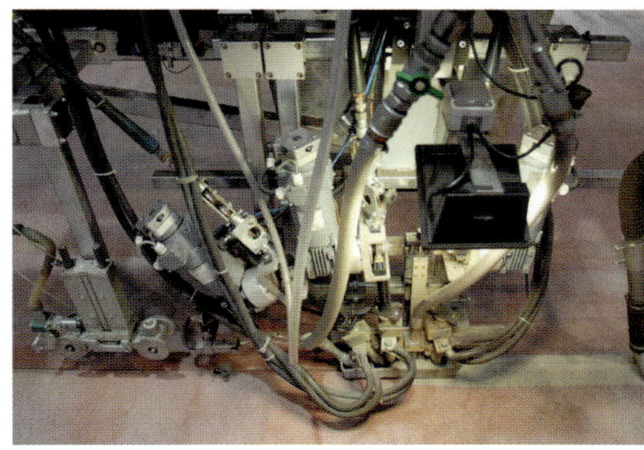

Zusammenfügen von gekrümmten Einzelplatten auf einem Stempelfeld mit Alubrücken; Verschweißen der Plattenfelder mit dem Unterpulver-Verfahren

Mit der Versteifung entstehen sogenannte Paneele. Sie machen einen sehr großen Anteil an der Schiffsmasse aus. Paneele zeichnet eine flächenhafte und versteifte Gestalt aus. Jetzt werden auf das Paneel quer zu den vorhandenen Versteifungen Träger oder Rahmenspanten geschweißt. Es entsteht eine Flächensektion, auch Flachbaugruppe genannt. Spätestens hier erkennt man, wie das Schiff »Form annimmt«, einzelne Sektionen werden vorstellbar.

Das Fertigen von Paneelen ist ein Arbeitsprozess in der schiffbaulichen Vormontage, bei dem zuerst eine Fließfertigung mit all den aus ihr resultierenden Konsequenzen durchgehend zur Anwendung kommt. Ihr verhältnismäßig einfacher Aufbau ermöglicht eine relativ unkomplizierte Abfolge von Montageprozessen. Zudem haben gerade diese Arbeiten einen für den Schiffbau ungewöhnlich hohen Wiederholungsgrad; insbesondere bei den ebenmäßigen Platten.

Zur Versteifung in Längsrichtung kommen sowohl gewalzte als auch gebaute Profile zum Einsatz. Sie werden entlang vorgezeichneter Positionslinien an einem ihrer Enden beginnend im rechten Winkel zum Plattenfeld gehalten, schrittweise an dieses angedrückt und zunächst punktuell angeheftet. Eine unter Umständen nötige Feinjustierung ihrer Position wird meist mit Hydraulikstempeln vorgenommen. Sind sie fixiert, kann der Schweißvorgang beginnen. Das geschieht entweder mit Hilfe von Schweißportalen, welche die Profile parallel von beiden Seiten in vorgeschriebener Schweiß-

geschwindigkeit mit der Plattenfläche verbinden oder kleinen selbst fahrenden Schweiß-Traktoren, die direkt von Menschen geführt und überwacht werden.

Zur Quersteifigkeit einer Flächensektion werden Rahmenträger im rechten Winkel zu den aufgeschweißten Profilen auf die Paneele montiert. Auch sie werden zunächst mit Kranhilfe aufgesetzt, angedrückt und angeheftet. Allerdings findet hier das Heften und Schweißen aus verfahrenstechnischen Gründen manuell statt.

Durch den Zusammenbau von Flächensektionen und diversen Einzelteilen (Untergruppen) entstehen die ersten Volumensektionen.

Oben: Manuelles Versteifen auf einem Stempelfeld; Während der Flachbauphase werden auch schon nötige Rahmen wie Mannlöcher in die Fläche eingesetzt; Manuelles Versteifen

Unten: Halbautomatisches Versteifen von Plattenfeldern; Manueller und halbautomatischer Bau einer Flächensektion; Manuelles Versteifen ausgeschnittener Bleche

KLEINBAU

Die Produktion nebenher

Neben der gestuften Sektionsbauweise gibt es im Schiffbau noch einen baulichen Nebenstrang. Hier, im Kleinbau, werden besondere Teile hergestellt, die ihren Platz später in den Volumensektionen finden werden.

So gibt es zum Beispiel neben den handelsüblichen Walzprofilen, deren bedarfsgerechte Umformung wir bereits kennengelernt haben, im Schiffbau auch noch sogenannte »gebaute« Profile. Sie haben ebenfalls die Aufgabe, Flächen jeglicher Form zu stabilisieren. Gebaut werden sie in großer Stückzahl jeweils aus zwei schmalen Blechen, die die Bezeichnungen »Gurtblech« und »Stegblech« tragen und sich im T-Format senkrecht aufeinander stehend gegenseitig stabilisieren.

Für gewöhnlich haben diese Profile eine gerade Längsachse und eine über die gesamte Länge einheitliche Querschnittsgeometrie und -fläche. Sie werden auch als Regelprofile bezeichnet. Im Vergleich zu Walzprofilen sind bei ihrer Fertigung Materialeinsparungen von rund 15 bis 20 Prozent möglich. Daher werden sie auch aus ökonomischen Gründen gern im Schiffbau eingesetzt.

Gebaute Profile mit gekrümmter Längsachse sowie mit unterschiedlicher Querschnittsgeometrie und -fläche nennt man »regellose« Profile. Ihre Form ergibt sich aus den Besonderheiten schiffbaulicher Konstruktionen, insbesondere im Heck- und Bugbereich.

Normalerweise werden Regelprofile mit teilautomatisch arbeitenden stationären Profilschweißmaschinen hergestellt. Dabei werden die beiden benötigten Bleche manuell positioniert und mittels kleiner Schweißpunkte aneinandergeheftet. Die Schweißmaschine selbst verfügt über zwei

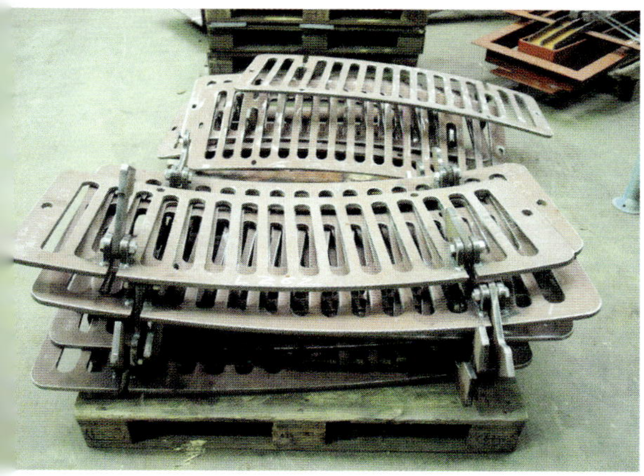

Schweißköpfe, die beim Vorschub beide Kehlnähte gleichzeitig schweißen. Eventuell vorhandene Schlacke auf den Schweißnähten oder Nahtfehler können anschließend manuell entfernt beziehungsweise ausgebessert werden.

Einen weiteren Bereich der gesondert gebauten Teile stellen die Fundamente dar. Sie dienen insbesondere der stabilen Montage von Motoren und großen Geräten, wie zum Beispiel Getrieben oder Generatoren. Deren Masse und die von ihnen ausgehenden Kräfte (z. B. durch Vibrationen) sollen durch die Fundamente auf den Schiffsrumpf übertragen und damit abgeleitet werden. Zudem ermöglichen sie durch ihre besondere Steifigkeit eine einfache und sichere Befestigung der zu tragenden Objekte, deren jeweiliger Formgebung sie weitgehend entsprechen. Negative Auswirkungen, die bei Kraftübertragungen vom Schiffsrumpf (Wasserdruck) auf die Geräte und Motoren oder umgekehrt (Vibrationen der Hauptmaschinen) entstehen können, werden von ihnen weitgehend neutralisiert.

Baulich besteht zum Beispiel ein Hauptmaschinen-Fundament aus zwei Längsträgern, die durch seitlich angebrachte Kniebleche gestützt werden und zu den Enden hin schräg ausliegen. Obenauf befindet sich jeweils eine sogenannte Topplatte, die in ihren Ausmaßen den Standflächen der zu tragenden Hauptmaschine entspricht. In jedem Fall, ob gesondert gebaut oder aus der Schiffsstruktur heraus gesondert verstärkt, sind Fundamente fest mit dem Boden verbunden.

So wie gebaute Profile und Fundamente, die hier nur als Beispiele gelten sollen, sind noch unzählige andere Bauteile erforderlich, die in den Werkstätten der Peene-Werft meist abseits vom »großen« Schiffbau gefertigt werden. Teils werden sie auch von Zulieferern eingekauft, wie zum Beispiel Schanzkleid, Reling, Kruzifix, Masten, Verschlüsse, Treppen, Leitern, Kabelbrücken, Metallregale und Rohre.

Linke Seite: Schweißnaht eines Regelprofils; Manueller Profilbau; Gebaute Fundamente; Gebaute Schanzkleider

Diese Seite: Schlosserei; Profilschweißmaschine; Schweißen von Haltestreben für die beiden Stevenrohre; Gebaute Schutzklappen für Seekästen; Gebautes Kruzifix

ROHRBAU

Überall muss es fließen

Fertigung einer Rohrabzweigung; Anbringen eines Rohrflansches; Rohrverlängerung

Rohre spielen im Schiffbau eine ganz besondere Rolle. Ohne sie kommt kein Schiff aus. Kühl-, Heizungs-, Frisch-, Ab-, Ballast- und Löschwasser, Treibstoffe, Schmierstoffe, Hydraulikflüssigkeiten und unter Umständen auch diverse Gase müssen von »A« nach »B« gelangen können. Manchmal sogar gleichzeitig auch noch nach »C«, »D«, »E« ... Und wie bedeutend Rohre für die NORDIC sind, zeigte sich während ihrer gesamten Entstehungszeit. Nahezu in jeder Bauphase kamen weitere Rohre hinzu – schon gleich mit Erstellung von Doppelböden.

In der Regel fertigen die Werften die benötigten dicken Rohre selbst. Auf der Peene-Werft steht dafür eine eigene Werkhalle zur Verfügung. Sie befindet sich räumlich nahe der Schiffbauhallen. Hier gibt es auch einen der Halle vorgelagerten Lagerplatz. Dort liegen extern zugekaufte Stan-

Kaltes Biegen eines Rohres; Lager- und Transportmöglichkeiten für Rohre; Reinigung der Rohre im Säurebad

dardrohre, die später zur Weiterbearbeitung kommen. Und natürlich die fertigen Rohre, die – bereits verpackt auf speziellen Transportrahmen – auf ihren Einbau warten.

Die Rohrfertigung in den eigenen Hallen ist für Werften von großer Bedeutung, denn die Ergebnisse dieser Schlosserarbeit stehen im unmittelbaren Zusammenhang mit dem Fortschritt des schiffbaulichen Konzepts. So ist die Rohrwerkstatt der Peene-Werft jedenfalls für alle nur denkbaren Fälle des Rohrbedarfs bestens ausgerüstet, die sich erfahrungsgemäß sowohl lang- als auch kurzfristig ergeben können.

Die Werkstatt selbst besteht aus einer Reihe von Einzelarbeitsplätzen. Sie sind durch Schweißvorhänge voneinander abgetrennt. Dahinter arbeiten Rohrschlosser an Verkürzungen oder Verlängerungen unterschiedlichster Rohre, bringen Flansche an und bauen passgenaue Verzweigungen ein. Zudem ist die Werkstatt mit Rohrbiegemaschinen ausgestattet, mit denen die Rohre in kalter Umformung die benötigten Krümmungen erhalten – und zwar bis auf einer Länge und zu einem Eigengewicht, wie sie sich auf dem Schiff noch gut einbauen lassen.

Etwas abseits gelegen befindet sich auf der Wolgaster Werft noch eine kleinere Werkhalle, in der die Rohre mit Hilfe eines Säurebades gereinigt und auch entrostet werden können. Gleich nebenan geht es zum Konservieren und Trocknen. Dann werden sie entweder zwischengelagert oder zum Schiffsneubau gebracht und dort in teilweise spannend zu verfolgender Weise montiert.

ES GEHT INS VOLUMEN

Große Schritte im Einzelsektionsbau

Bisher haben wir zwar schon viel Stahl und dessen Verarbeitung gesehen – aber es fehlt noch die räumliche Vorstellung vom späteren Schiff. Das wird ab jetzt anders. Wir haben November 2009 und der Bau des Schleppers wächst nun in den Raum hinein. Aus den stabilisierten Flächen, Flächensektionen und diversen Einzelteilen entstehen die ersten Volumensektionen.

Eine Volumensektion ist ein räumliches Gebilde. Es besteht aus einem Versteifungssystem, das an mindestens zwei gegenüberliegenden Begrenzungsflächen durch Beplattungen abgeschlossen ist. Charakteristisch bei nahezu allen Schiffen ist die Doppelbodensektion. Sie wird durch einen Rost aus Längsträgern und Bodenwrangen gebildet, der an seiner Oberseite durch den Innenboden und an der Unterseite durch den Außenboden beplattet ist. Der Außenboden (Außenhaut) ist im Kimmbereich gekrümmt, der Innenboden (Tankdecke) dagegen vollkommen plan gestaltet.

Die Montage einer Doppelbodensektion findet auf einer ebenen Unterlage statt. Zunächst werden die einzelnen Platten der Tankdecke mit der Oberseite nach unten ausgelegt und verschweißt. Darauf wird dann das aus Längs- und Querversteifungen bestehende Skelett aufgebaut, das seinerseits als Formlehre für die aufzuziehende Außenhaut dient.

Das Beplatten des Skeletts geschieht mit Hilfe eines Krans. Mit ihm werden die einzelnen, teilweise gekrümmten Platten auf das Grundgerüst aufgelegt. Bevor man sie miteinander und auf dem Skelett durch Heftschweißung provisorisch fixieren kann, müssen sie angedrückt werden. Neben Kettenzügen, Drehstützen und Hydraulikpressen dienen hierzu vor allem mit dem Kran abgesetzte Tonnengewichte. Sitzt alles an der richtigen Stelle, geht es ans Verschweißen der Stöße. Anschließend wird die Sektion gewendet und es werden die Gegenlagen geschweißt. Nun ist eine von insgesamt fünf Doppelbodensektionen (Sektionsnummern: 4.1, 5.1, 9.1, 10.1, 11.1) – schiffbaulich – fertiggestellt. Sie bildet mit ihren Schwestern die Grundlage für die nächsten Schritte zum Bau der beiden von der Werft konzipierten Großsektionen, dem Vorschiff-Modul und dem Achterschiff-Modul.

Im Allgemeinen denkt man beim Thema »Schiffbau« vor allem an den augenfälligen Arbeitsteil, das Montieren eines erkennbaren Schiffskörpers. Doch was wäre diese Hülle ohne all jene Systeme, die »im Verborgenen arbeiten« und die Funktionsweise des großen Ganzen erst ermöglichen? Wie sonst sollten Lenz- und Ballastsysteme, Feuerlöscheinrichtungen, Frisch- und Abwasserversorgung oder Kühl- und Heizanlagen ihre Aufgaben erfüllen, wenn es keine Rohre an Bord gäbe, mit denen die entsprechenden Flüssigkeiten oder Gase an ihren Einsatzort gelangen?

Schon während die ersten Volumensektionen entstehen, treten die werfteigenen Installateure ihre Arbeit an. Kaum steht das aus Längs- und Querversteifungen bestehende Skelett einer Doppelbodensektion, verlegen sie ihre mit einem numerischen Code versehenen Rohre bis kurz vor das jeweilige Ende einer Sektion. Später, beim Zusammenfügen mit einer benachbarten Sektion, setzen sie zur Schließung des Rohrsystems nur noch

Die Doppelböden bilden das Fundament für den Schiffsaufbau; Wie ein Skelett in Gitternetzstruktur gestaltet sich die Stabilisierung der Doppelböden

Einseitiges Verkleben eines Schweißspaltes mit Keramikband; Rohrinstallationen; Handwerkszeug eines Schiffbauers im Einsatz

ein kleines Verbindungsstück. Für jedes Rohr mit seinen unterschiedlichen Biegungen, Verzweigungen und Flanschen gibt es von daher einen exakt festgelegten Platz im Schiff.

Eine besondere schiffbauliche Herausforderung stellen die Vorder- und Achterschiffsektionen dar. Diese beiden Sektionsarten unterscheiden sich durch ihre Gestaltung grundlegend von denen des Mittelschiffbereiches. Bei ihnen ist die Formung der Spantkontur von Spant zu Spant teilweise erheblich. Ihre Bauelemente sind zum großen Teil stark umgeformt (Außenhaut), sie weisen dreieckige oder trapezförmige Flächen mit krummlinigen Begrenzungen (Deck- oder Schottteile) und zahlreiche Konstruktionselemente (z. B. Bugbänder und Bodenwrangen) mit unterschiedlichen Konturen auf. Von daher lässt sich die Herstellung dieser Sektionen nicht in Fertigungslinien anderer Sektionen eingliedern. Sie werden an gesonderten Plätzen montiert.

Für alle gemeinsam gilt aber, dass sie in geschlossenen Hallen gebaut werden und damit weitestgehend witterungsunabhängig. Begrenzung findet die überdachte Bauweise lediglich durch Hallengröße (Höhe und Fläche), Kranhebekapazität und Transportmöglichkeiten.

Neben nur gering schwankenden klimatischen Verhältnissen in den Werkhallen gibt es noch diverse andere Einflüsse auf den Stahl, die den Baukörper verändern, was unter Umständen zu größten Schwierigkeiten führen könnte. Eine denkbare Folge wäre zum Beispiel, dass die Stoßkanten benachbarter Sektionen nicht zueinander passen und aufwendige Richtarbeiten nach sich zögen. Als Ursachen kämen baulich umgesetzte Ungenauigkeiten in den Planungsunterlagen in Betracht, partielle Eigenspannungen im Material oder Einwirkungen durch Temperatur, Transport und Lagerung. All dies kann während der gesamten Bauphase die sogenannte Fertigungsgenauigkeit beeinflussen, welche sich aus den geometrischen Eigenschaften eines idealen Körpers in Form von Soll-Werten unter Berücksichtigung maximal zulässiger Toleranzen ergibt.

Dem positiv entgegenwirken soll eine stete Qualitätskontrolle. Sie wird zum einen im Rahmen der Arbeit fortlaufend von den tätigen Schiffbauern und Schweißern als Soll-Ist-Prüfung vorgenommenen – zum anderen stellen vom Produktionsprozess entkoppelte werfteigene Qualitätsprüfer mit verschiedensten Messwerkzeugen die geforderten Standards sicher. Allein schon aus wirtschaftlichen

Verlegen von Außenhautplatten auf die Doppelbodensektionen; Typische Arbeiten beim Sektionsbau: Verschweißen von Stößen, Brennen von Schweißspalten, Rohrinstallationen; Überall finden schon Rohrverlegearbeiten statt, wie hier für das Ballastwassersystem

Gründen hat die Werft großes Interesse daran, derartige Qualitätskontrollen bereits sehr früh mit der Vorprüfung aller zu verbauenden Materialien zu beginnen und sie konsequent über die Fertigung einzelner Bauelemente bis hin zu fertigen Schiffssektionen und dem zusammengefügten Schiffskörper durchzuführen. Angestrebtes Ideal ist es, während der Endmontage wirkende maß- und gestaltverändernde Einflüsse wie Schweißdeformationen bereits in der Vormontage zu kompensieren und damit korrigierenden und kostenintensiven Arbeitsaufwand zu minimieren.

Sind die einzelnen Sektionen schiffbaulich fertiggestellt und von werfteigener Qualitätssicherung, Bauaufsicht und GL auf Fehler und Beschädigungen abgenommen und freigegeben, verlassen sie die Bauhalle zur Korrosionsschutzbehandlung. Mit einem speziellen Tieflader werden sie quer

Linke Seite: Bau des Wulstbugs; die Einzelsektionen gewinnen zunehmend an Kontur

Diese Seite: Schweißarbeiten allerorten; Schiffbau in Reinkultur; Sektionsfertigung in der Bau- und Ausrüstungshalle 2; Schiffbauer bei der Plattenausrichtung; Bauvermessung

über das halbe Werftgelände in eigens für Strahl- und Farbarbeiten an Einzelsektionen vorgehaltene Werkhallen transportiert.

Hier werden ihre Oberflächen zunächst einmal bis in die hinterste Ecke und letzte Schweißnaht unter Hochdruck mit trockenem Strahlgut, Schleifen oder Bürsten von Korrosionen und allen Verschmutzungen gereinigt. Das Ergebnis wird genauestens auf Entrostung und Reinigung untersucht. »Wir haben von den Malern Überzieher für die Schuhe bekommen und müssen diese zu den Abnahmen mitnehmen und tragen«, erklärt Bugsier-Bauaufsichtler Norbert Witing. »Ebenso müssen wir hier bei den Abnahmen wegen der Feuchtigkeit und den Fettabsonderungen der Handflächen immer Handschuhe tragen.« Sein Abnahmeurteil: »Keine Beanstandungen, und die Sektionen sehen richtig gut aus.«

Die Art und Intensität, mit der das Auftragen von Korrosionsschutz vorgenommen wird, richtet sich nach den voraussichtlichen späteren Korrosionsbelastungen der Sektionen oder einzelner

ihrer Bereiche. Die sogenannten Beschichtungssysteme bestehen aus einer oder mehreren Schichten Primer, die entweder stark oder mittelstark lösemittelhaltig sind, unter Umständen sogar ganz ohne auskommen. Die Bindemittel basieren vorwiegend auf Epoxidharz, Polyurethan, Acrylate, Chlorkautschuk oder Alkydharz. Sie werden von einem mit Schutzanzug und Atemmaske ausgestatteten Lackierer hauptsächlich im Spritzverfahren aufgebracht.

Nach ein bis zwei Tagen Trocknung und Aushärtung werden die fertig gespritzten und erneut abgenommenen Sektionen wieder von einem Spezialtieflader abgeholt und an einen eigens für sie vorgesehenen Lagerplatz verbracht. Und der befindet sich, trotz Wind und Wetter, meist irgendwo auf dem Werftgelände unter freiem Himmel. Hier bleiben sie, bis weitere Arbeiten anstehen, wie das Einbringen von Geräten oder Großbauteilen, oder bis sie im vorderen beziehungsweise achteren Schiffsmodul eingefügt werden.

Linke Seite: Bauabnahme, Strahl- und Lackierarbeiten

Diese Seite: Versetzen einer Sektion mittels Hallenkran; Verlegen eines Bauteils mittels Spezialtransporter; Warten auf den Einbau; schon früh werden erste Geräte eingebracht, wie hier Duschkabinen

EIN INDIVIDUUM ENTSTEHT

Der Schlepperneubau auf dem Weg zur Einzigartigkeit

Wir haben Mitte Dezember 2009. Die Werfthallen 2, 3 und 4 sind komplett belegt mit den in Bau befindlichen Sektionen des neuen Notschleppers. Einzig in Halle 1, die dem Trockendock gegenüberliegt, herrscht noch gähnende Leere. Hier ist der Ort, an dem später die zwei Hauptmodule des Schiffes, das Vorschiff und das Achterschiff, zusammengesetzt werden. Die Verbindung beider Bauteile zur vollständigen Einheit findet dann im Trockendock statt.

Als erstes wird die Doppelbodensektion 9.1 auf einen Spezialtieflader verladen und in die Bauhalle transportiert. Diese fernsteuerbaren Schwerlastwagen sind hier mit acht bereiften und eigenangetriebenen Doppelradsätzen ausgestattet. Durch ihre hydraulisch heb- und absenkbaren Ladeplattformen und die einzeln schwenkbaren Radsätze sind sie im höchsten Maße manövrierfähig. Bei der Verladung werden die Einzelsektionen entweder mit ihnen unterfahren und auf die angehobene Plattform aufgesetzt oder mittels Hallenkran übernommen.

In der Zielhalle angekommen, fährt der Transporter in den Kranbereich des Montageplatzes, nahe dem Punkt, an dem die Sektion zur Endmontage des Schiffskörpers platziert sein wird. Hier wird das unter Umständen mehr als 100 Tonnen schwere Bauteil von dem Hallenkran abgehoben, über Kopf gedreht, ausgerichtet und mit dem Kiel auf einen beweglichen Untersatz aufgesetzt. Diese sogenannten Taktwagen sind schienengebunden. Ihre auf Schienenpaaren laufenden Radsätze verbindet eine Plattform, sogenannte Kielblockträger. Mehrere dieser Taktwagen können hintereinander gekoppelt werden und so später als rangierbarer Untersatz dienen, um die beiden

Oben: Sektion 3.2 wird mit einem Speziallastwagen versetzt; das im Bau fortgeschrittene Vorschiffmodul, Mitte Januar

Unten: Die ersten Sektionen werden zusammengesetzt

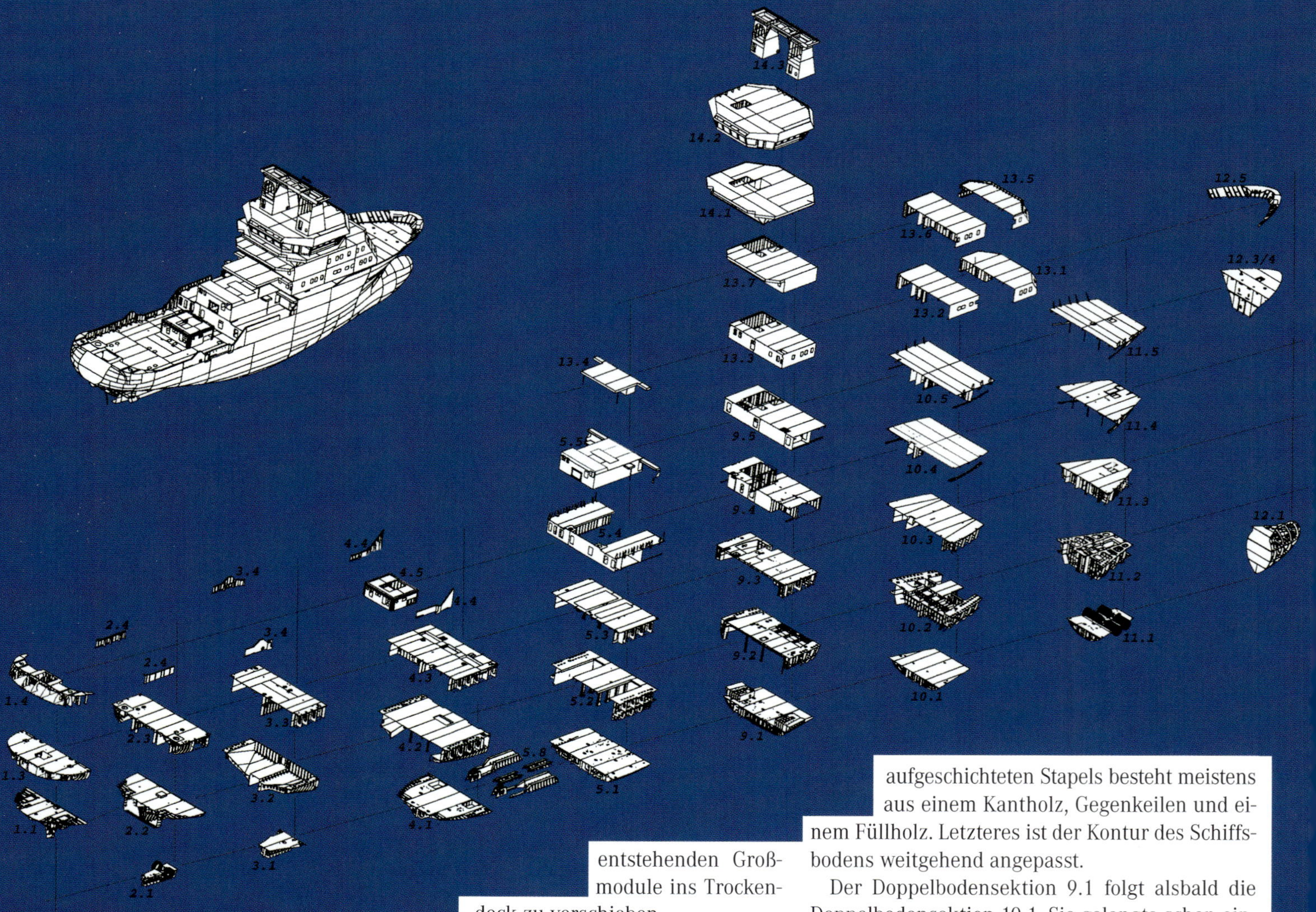

Übersicht zu den einzelnen schiffbaulichen Sektionen des Notschleppers; das Versetzen der Sektionen wird mit dem Hallenkran erledigt; bereitstehende Taktwagen mit Kielblockträger warten auf ihre Sektion

entstehenden Großmodule ins Trockendock zu verschieben.

Während des Zusammenbaus wird der Schiffskörper möglichst stabil und schonend durch Stapel (Pallungen) abgestützt. Damit bei ihm keine unzulässigen Deformationen durch Eigengewicht und Erschütterungen auftreten, muss er an entsprechend ausgesteiften Stellen (Mittel- und Seitenlängsträger, volle Bodenwrangen, Kimmbereich) abgestützt werden. Die einzelnen Stapel selbst sind nach einem vorher festgelegten Stapelplan angeordnet und in der Höhe ausnivelliert. Die Stapelhöhe im Kielbereich beträgt etwa eineinhalb Meter. So ist es möglich, noch unter dem Schiffsboden zu arbeiten. Das Oberteil des auf einem Taktwagen aufgeschichteten Stapels besteht meistens aus einem Kantholz, Gegenkeilen und einem Füllholz. Letzteres ist der Kontur des Schiffsbodens weitgehend angepasst.

Der Doppelbodensektion 9.1 folgt alsbald die Doppelbodensektion 10.1. Sie gelangte schon einmal kurz ins Blickfeld der Öffentlichkeit, als beim offiziellen Brennbeginn am 14. August 2009 erste Bauteile für sie gebrannt wurden. Jetzt, am 15. Dezember, fährt sie kopfüber liegend mit einem der Spezialtieflader in die Halle. Wie zuvor ihre Schwester wird sie von einem Hallenkran gedreht, zu ihrem Liegeplatz vor der Sektion 9.1 gehoben und dort auf ihren eigenen mit einer entsprechenden Pallung bestückten Taktwagen aufgesetzt. Nun kann sie mit Unterstützung entsprechender Referenzpunkte und genauer Messverfahren – wie zum Beispiel den bei der Landvermessung üblichen optischen Winkelmessgeräten oder computerge-

stützten optoelektronischen Geräten – auf ihre Nachbarsektion hin ausgerichtet und mittels fahrbarer Unterlage dieser bis auf Schweißspaltbreite nahegebracht werden.

Alle Einzelsektionen sind bereits so exakt gefertigt, dass sich ihr Zusammensetzen weitgehend auf das Positionieren der Sektionen zueinander begrenzt. Bestenfalls haben sie an besonders passungs- oder maßkritischen Stellen Materialzugaben, sodass während des Zusammensetzens stellenweise noch örtlich begrenzte Brennarbeiten für die Passgenauigkeit auszuführen sind.

Anschließend werden die Stöße unter Anwendung von Kettenzügen oder Hydraulikpressen bis auf Schweißspaltbreite zusammengezogen. Die präzise Ausrichtung erfolgt dann zum Beispiel mit Knaggen, Stempeln und Spindelstützen. Alubrücken, die auf eigens angeschweißte Gewindebolzen montiert sind, fixieren die Sektionen provisorisch bis zur Verschweißung auf Position.

Anlauf beim Aufsetzen einer Sektion; Sektionskanten (Mitte); Schweißarbeiten an Vorschiffmodul; Aufsetzen der Sektion 4.2

Halle 1 / 15.12.2009
Sektion 10.1 wird an Sektion 9.1 angefügt

Halle 1 / 16.12.2009
Sektionen 10.1 und 9.1 bilden den Grundstock

Halle 1 / 14.01.2010
Neu: Sektionen 11.1, 11.2, 10.2, 9.2, 5.1, 4.1, 4.2

Halle 1 / 28./29.01.2010
Neu: Sektionen 11.3, 10.3, 9.3, 9.2, 5.2, 3.1, 3.2

Halle 1 / 12.02.2010
Neu: 11.4, 10.4, 9.4, 4.3, 3.3, 2.1, 2.2, 2.3

Halle 1 / 26.02.2010
Neu: 12.1, 11.5, 10.5, 9.5, 5.3, 5.4, 1.3, 1.1

Halle 1 / 19.03.2010
Neu: 12.3/4, 12.5, 13.1-3, 13.5-7, 1.4- 4.4, 4.5

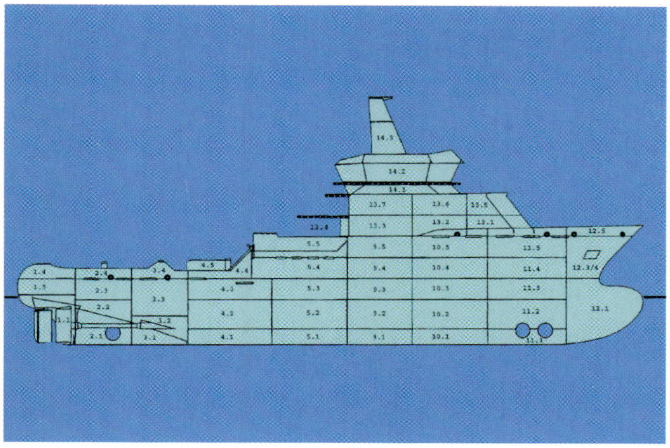

Trockendock / 06.04.2010
Neu: Vor- und Achtermodul zusammengefügt

Stellenweise auftretende Verformungen im Stahl werden durch örtlich angesetzte Druckkräfte beseitigt. Als einfache Spannvorrichtungen dienen dazu Knaggen, die im Stoßbereich an einer Platte festgeschweißt sind. Die nötige Spannkraft (Montagekraft) entsteht dann durch das Einschlagen eines Keils zwischen Platte und Knagge. Nach dem Ausrichten und Heften des Stoßes werden die Knaggen wieder entfernt und die Heftstellen zwischen Knagge und Platte geglättet.

Keine Woche ist vergangen, und schon liegen alle fünf Doppelbodensektionen in der Bauhalle. Die Sektionen 9.1, 10.1 und 11.1 bilden das Fundament für das Vorschiff-Modul und die Sektionen 4.1 und 5.1, die den Maschinenraum nach unten hin begrenzen, bilden die erste Stufe des Achterschiff-Moduls. Viel mehr an Baufortschritt ist nun nicht mehr zu erwarten. Es ist Weihnachtszeit und die Werftmitarbeiter müssen sich zudem noch mit der aktuellen Schiffbaukrise und den Auswirkungen auf ihre Werft und ihren Arbeitsplatz beschäftigen.

Und doch, das neue Jahr ist gerade vier Tage alt und die beiden ersten zusammengesetzten Doppelbodensektionen sind schon zum Teil miteinander verschweißt. Ab jetzt geht alles Schlag auf Schlag. Nahezu täglich finden große Bewegungen statt. Mit den zusammengesetzten Sektionen nimmt das Schiff immer mehr Kontur an:

05. Januar 2010 – Die Sektionen 4.1 und 5.1 werden zusammengesetzt und die Schweißarbeiten beginnen.

06. Januar 2010 – Die Sektion 9.2 wird auf die Sektion 9.1 gesetzt und angepasst.

07. Januar 2010 – Die Sektion 10.2 und die Fundamente der Hauptmaschinen werden in die Halle transportiert.

08. Januar 2010 – Die Sektion 10.2 wird auf die Sektion 10.1 gesetzt und das erste Hauptmaschinen-Fundament (backbord) kommt an seinen Platz.

11. Januar 2010 – Die Sektion 2.2 wird auf die Sektion 2.1 gesetzt. Sektion 4.2 sowie weitere Fundamente liegen in der Halle bereit.

12. Januar 2010 – Die Doppelsektion 11.1/11.2 hängt vor 10.1/10.2 und wird angepasst. Die Fundamente der zweiten Hauptmaschine (steuerbord), der Wellengeneratoren und der Hilfsdiesel stehen an ihrem Platz.

14. Januar 2010 – Die Sektion 4.2 wird auf 4.1 gesetzt.

15. Januar 2010 – Die Hilfsdiesel sind von SDT Schiffsdieseltechnik aus Rendsburg auf der Werft angekommen, stehen in der Halle und warten auf ihren Einbau.

19. Januar 2010 – Die Abnahme der verschweißten Hilfsdiesel-Fundamente und des Verbundstoßes der Doppelbodensektionen 4.1 und 5.1 laufen letztlich erfolgreich.

20. Januar 2010 – Die Hilfsdiesel werden auf ihre Fundamente gestellt und die dritte Sektionsebene ist erreicht; 10.3 wird auf 10.2 gestellt.

21. Januar 2010 – Hauptmaschinen-Fundamente werden verschweißt.

25. Januar 2010 – Die Verbundstöße der gestellten Sektionen werden zum Verschweißen vorbereitet.

27. Januar 2010 – Reserve-Hydraulikpumpen und Wellen werden in den Maschinenraum eingebracht und die Sektion 11.3 ist auf 11.2 gestellt.

28. Januar 2010 – Beide Hauptmaschinen und die Propellerblätter von Berg Propulsion kommen in Wolgast an.

29. Januar 2010 – Beide Hauptmaschinen werden auf ihre Fundamente gesetzt und vor äußeren Einflüssen geschützt.

Linke Seite: Brennarbeiten; Ansetzen einer Hydraulikpresse, um die beiden Sektionen auszurichten und provisorisch zusammenzuhalten

Diese Seite: Anschweißen der Gewindebolzen; Brennarbeiten; Mitte Januar treffen die beiden Hilfsdiesel ein, Ende Januar die einzigartigen Hauptmaschinen

MOTOREN WIE KEINE ANDEREN

Fahren in gefährlicher Atmosphäre

Eine der Besonderheiten des neuen Notschleppers für die Nordsee ist seine vom Bundestag geforderte Eignung für den Einsatz in gefährlicher, insbesondere explosiver, Atmosphäre. Denn auch wenn bei der Havarie eines Tankers oder Containerschiffes gesundheitsgefährdende oder zündfähige Stoffe austreten könnten oder gar wirklich austreten, fordern die Abgeordneten aller Parteien, muss sich der Notschlepper im Einsatz dem Havaristen nähern können, ohne dass Schiff und Besatzung selbst dabei in Gefahr geraten. Bei der NORDIC kann der gesamte Aufbau, einschließlich des Maschinenraumes, im Gasschutzbetrieb (GSB) nach außen hin gasdicht verschlossen werden.

Was für Schiff und Besatzung gilt, bleibt in Folge nicht ohne Auswirkung auf die Antriebsmaschinen. Bei der Wahl eines möglichen Motorenlieferanten bildete die Gasschutzfunktion natürlich ein entscheidendes Kriterium. Einen Motor mit einer solch großen Leistung und Gasschutzeignung, wie für den geforderten Pfahlzug und die erwartete Geschwindigkeit nötig, gab es bis dato nicht. Also suchte die ARGE Küstenschutz nach einem Hersteller, der diese Funktion in seine Motoren einbauen konnte. »MTU war weltweit der einzige Hersteller, der uns die zeitgerechte Entwicklung von gasgeschützten Motoren aufgrund seiner langjährigen Erfahrung auf diesem Spezialgebiet zusagen und durch eine Machbarkeitsstudie belegen konnte«, erklärt Carsten Wibel, Projektleiter »Küstenschutz« bei Bugsier. Von MTU entwickelte Gasschutzmotoren hatten sich bereits in der Vergangenheit in Seenotrettungskreuzern und Schadstoffunfall-Bekämpfungsschiffen wie NEUWERK und ARKONA bewährt.

Seine Antriebskraft verdankt der Notschlepper nun zwei starken 20-Zylinder-Dieselmotoren der MTU-Baureihe 8000 mit je 8.600 Kilowatt Nennleistung und einer Gasschutzleistung bis zu je 4.000 Kilowatt. Speziell für dieses Projekt entwickelte der Friedrichshafener Motorenhersteller eine für den Einsatz in gefährlicher Atmosphäre geeignete Version dieses Motorentyps. Für die Bordstromversorgung sorgen zudem zwei 12-Zylinder-Motoren der Baureihe 4000 mit bis zu 1.140

Bau der Hauptmaschinen in Friedrichshafen und deren Abnahme für den Betrieb in gefährlicher Atmosphäre durch den Germanischen Lloyd.

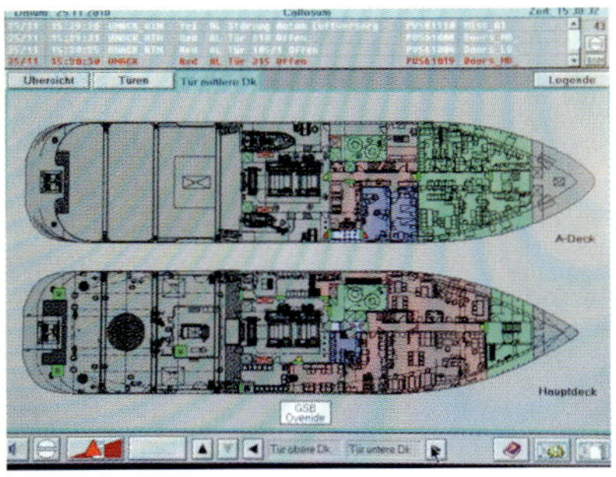

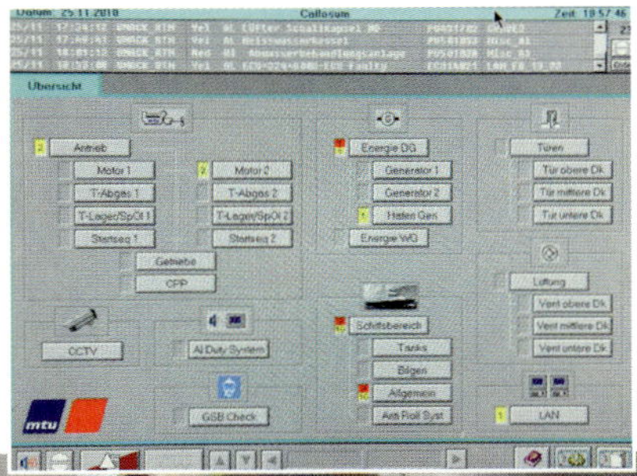

Kilowatt Leistung, die ebenfalls mit einer Gasschutzfunktion ausgerüstet sind. Mit diesen MTU-Motoren ist der fertiggestellte Neubau dann der erste gasgeschützte Notschlepper in dieser Leistungsstärke. Er zählt damit weltweit zu den »Top 10« der Spezialschiffe zur Abwendung von Katastrophen bei Schiffshavarien.

Die Motoren der Baureihe 8.000 gelten als stärkste Schnellläufer unter den Schiffsmotoren der Welt. Er ist zudem mit bis zu 9.100 Kilowatt (12.370 PS) der stärkste jemals gebaute MTU-Motor. »Stark, sparsam und umweltfreundlich zugleich« sei dieser Motor, klingt es vom Bodensee, beruhe seine Entwicklung doch auf einem neuen und eigenständigen Konzept, das aber bewährte Techniken anderer Baureihen integriere.

Neu ist die sogenannte Power Unit. Laufbüchse, Pleuel und Kolben bilden hier eine Einheit, die im Ganzen montiert und im Servicefall auch gewechselt wird. Herausragend bei einem Motor dieser Leistungsklasse sei laut MTU zudem auch die Common-Rail-Einspritzung, die bereits bei der Baureihe 4000 seit Jahren erfolgreich eingesetzt werde. Mit einem Mitteldruck von 27,3 bar im Zylinder, einstufig aufgeladen bei einem Ladedruck von 4,1 bar, stoße der 8000er in Bereiche vor, die bisher so nicht darstellbar waren.

Ermöglicht sei dies durch von der MTU entwickelte Hochleistungslader und die Registeraufladung, die auch bei hohen Ladedrücken noch ein breites Kennfeld und damit ein gutes Beschleunigungsverhalten ergäben. Mehr Ladedruck und mehr Luft bedeuten zusammen mit dem Common-Rail-Verfahren aber auch, dass im Vergleich zu konventionellen Systemen speziell im Teillastbereich deutlich bessere Verbrauchs- und Abgasemissionswerte erreicht werden. Allerdings müssen Motoren im Gasschutzbetrieb auch dann sicher arbeiten, wenn sie statt sauberer Verbrennungsluft explosive Gase ansaugen.

Um die Zulassung des Motors für den Betrieb mit durch gefährliche und leicht entflammbare Fremdgase kontaminierter Verbrennungsluft erfolgreich zu realisieren, mussten Flammsperren, Schnellschlussklappen und Sensoren ergänzt sowie eine umfangreiche Elektronikanpassung durchgeführt werden. Aufbauen konnte MTU dabei auf frühere in Zusammenarbeit mit dem Germanischen Lloyd (GL) durchgeführte Gasschutzbetrieb-Entwicklungen bei den Baureihen 396, 595 und 4000.

Einzelkomponenten des 8000er-Motors wie Flammschutzsperren und Ansaugtrakt wurden bei der Physikalisch-Technischen Bundesanstalt auf Eignung geprüft. Dafür waren Neuentwick-

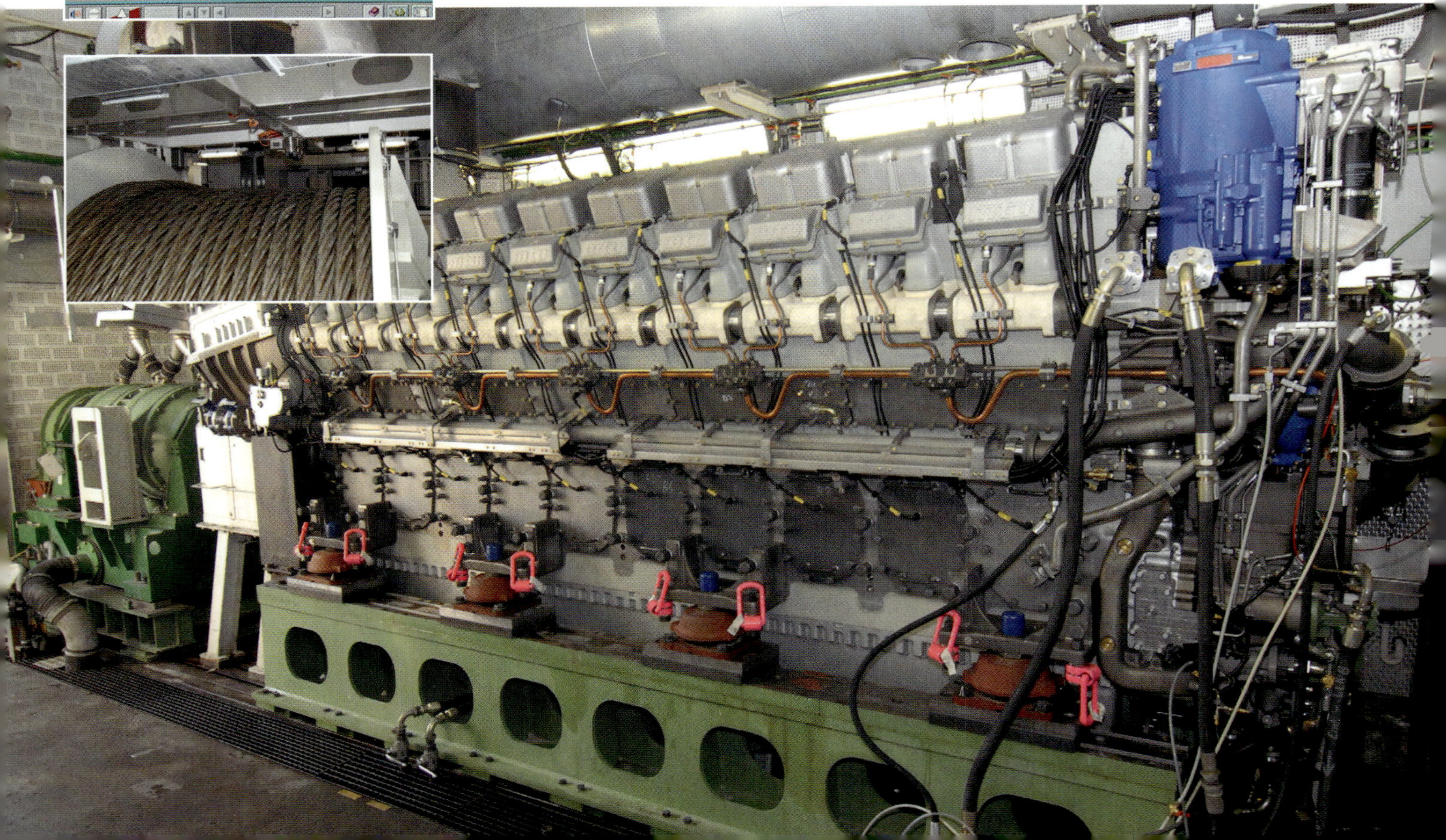

lungen von Sicherheitseinrichtungen und die Bereitstellung von großen Mengen Prüfgas notwendig. Die Entwicklung der Gasschutzbetriebseignung folgte in umfangreichen Motortestläufen auf dem Betriebsgelände der MTU Friedrichshafen – außerhalb des normalen Betriebs und unter Aufsicht der Feuerwehr. Wie bei einer echten Gefahrensituation fütterte man den Motor dabei über den Ansaugkanal mit brennbarem Gas. Schlussendlich konnte der Germanische Lloyd bei seiner Abnahmeprüfung am 24. März 2009 den erfolgreichen Nachweis aller Anforderungen für den Gasschutzbetrieb bestätigen.

Die Einsatzanforderung für ein GSB-geeignetes Schiff erfordert eine Einbindung aller im Zusammenhang stehenden Systeme. Diese Aufgabe übernimmt das von MTU gelieferte integrierte Schiffsautomationssystem »Callosum«. Es ermöglicht den Schiffsführern das Überwachen und Steuern der gesamten Antriebsanlage, der Bordstromversorgung, der Strahlruder sowie des kompletten Schiffes. Aus allen Schiffsbereichen werden dafür stetig Messdaten erfasst. Sie können, auf Farbbildschirmen visualisiert, direkt am Fahrstand abgerufen werden.

»Callosum« zeichnet sich weiter dadurch aus, dass die geforderten Fähigkeiten zum Zitadellen- und Gasschutzbetrieb vollständig integriert sind und wesentliche Arbeitsbereiche mit einem Kameraüberwachungs-System (CCTV – Close Circuit Television) überblickt werden können. Zudem konnten die Energieerzeuger-Automatik mit einem für die verschiedenen Einsatzarten ausgelegten »Power-Management«, eine Gasspür- und Warnanlage, eine Klima- und Belüftungsanlage und das Feuermeldesystem eingegliedert werden.

Die Schiffsautomation ermöglicht den Übergang vom Normalmodus (Manövrieren oder Freifahrt) in den GSB-Betriebsmodus (explosiv und/oder toxisch). Dabei wird die Motorleistung durch die Automation so weit wie nötig reduziert. Bei der mit Sensoren überwachten Aufnahme von zündfähiger Verbrennungsluft, was bis zu 71 Prozent möglich wäre, wird die Brennstoffzufuhr dem Leistungsbedarf angepasst. Auch die Abgastemperatur wird durch Sensoren überwacht. Sie darf beim Austritt in die Atmosphäre nicht über 135° C hinausgehen, da unterhalb dieser Grenze eine Selbstentzündung des Gas-Luft-Gemischs praktisch ausgeschlossen ist. Im Bedarfsfall wird das Unterschreiten der Temperatur durch Abschalten der Turbolader und durch eine Abgaskühlung mit Seewasser erreicht. Die Leistungsobergrenze beider Hauptmaschinen würde sich dann auf je 4.000 Kilowatt und der beiden Hilfsdiesel auf je 456 Kilowatt reduzieren.

Linke Seite: Seitenansicht auf einen Hauptmotor; Monitorbilder von der Betriebssoftware Callosum; Videoüberwachung des Windenraumes; Hauptmaschine auf dem Prüfstand

Diese Seite: Gekühltes Abgasrohr; Zusammenarbeit Besatzung mit Zulieferer in der Maschine; die Motoren kommen am Werftstandort an

DAS INDIVIDUUM STEHT

Der Schlepperneubau ist schon jetzt einzigartig

Gerade einmal knappe fünf Wochen sind es her, seit die ersten beiden Sektionen miteinander verbunden wurden. Jetzt, Ende Januar, steht das Schiff (zumindest) stahlbaulich fast schon zur Hälfte in der Halle – in zwei Teilen. Bedingt durch das Ausmaß und die Trageleistung der ins Trockendock führenden Hubplattform, wird der Notschlepper in einen vorderen und einen hinteren Schiffskörperteil getrennt montiert. Später werden die Schiffshälften im Trockendock zusammengesetzt. Aber bis dahin sind es noch rund zwei Monate.

Vorher tauchen die Techniker erst einmal wieder ins Innere des Neubaus ab. Das heißt, all jene Gewerke treten auf den Plan, deren Arbeit man meist von außen nicht sehen kann. Wir erinnern

Einsetzen einer von zwei Hauptmaschinen in den Schiffskörper; mit dem Hallenkran vom Schwerlaster auf das Maschinenfundament

uns: Schon während der ersten Bauschritte ins Volumen hinein waren nicht nur die Schiffbauer am Werk. Kaum stehen die ersten Längs- und Querversteifungen, fangen die Installateure an, bis nahe zum jeweiligen Sektionsende zu montieren.

Nun kommt, in Abstimmung mit den Schiffbauern, noch eine weitere Berufsgruppe hinzu, die Maschinenbauer. Ihnen obliegt es schon jetzt, insbesondere große Maschinen, Schränke und Geräte der Einfachheit halber an ihre jeweiligen Positionen zu bringen. Ein nachträglicher Einbau, also erst nach Fertigstellung des Schiffskörpers, wäre mit hohem zusätzlichen Zeit- und Arbeitsaufwand verbunden.

In einem solchen Fall könnte es zum Beispiel erforderlich sein, bereits stehende Wände, Rohrleitungen oder gar bereits eingebaute Technik extra für das Einbringen der Geräte kurzzeitig ab- und wieder anzubauen. Im augenblicklich noch frühen Stadium hingegen ist es möglich, die Maschinen und andere großen Teile nur mit Hilfe von Kran und Kettenzügen (und natürlich den dazugehörenden Mitarbeitern) durch bestehende große Sektionsöffnungen einzuführen oder an noch offen zugänglichen Flächen abzustellen, bevor die nächste Sektion aufgesetzt wird. Von da aus können sie zu gegebener Zeit an ihren regulären Standort bugsiert werden.

Bereits vor eineinhalb Wochen sind die beiden Hilfsdiesel, die in der Halle zwischengelagert waren, auf ihre Fundamente gekommen und mit einer stabilen und feuerfesten Schutzplane abgedeckt worden. Nun folgen die beiden gerade in Wolgast eingetroffenen Hauptmaschinen. Ihre Fähigkeit, selbst mit giftiger und explosiver Verbrennungsluft arbeiten zu können, gehört zu den besonderen Merkmalen, die den Schlepper weltweit so einzigartig machen. Jetzt müssen die Maschinenfundamente nur noch vermessen und vom GL sowie der Bauaufsicht abgenommen werden. Dann ist alles bereit.

Rückwärts kommt der erste von zwei Schwergutlastern durch den Schnee in die Halle gerollt. Auf seiner tiefliegenden Ladefläche steht einer der Motoren fest eingeschnürt in einer dicken blauen Schutzdecke. Das Ganze wirkt fast wie ein etwas groß geratenes spätes Weihnachtsgeschenk. Kaum kommt der Laster zum Stehen, machen sich die Werftmitarbeiter ans Auspacken. Sauber und glänzend steht der vom Auftraggeber bewusst unlackiert bestellte Motor nun auf seinem Transportfundament.

Ein Werftarbeiter befestigt nun den Motor mit vier an den Ecken befindlichen kleinen Schäkeln an der eigens von MTU mitgelieferten und jetzt am Hallenkran hängenden Traverse. Langsam hebt

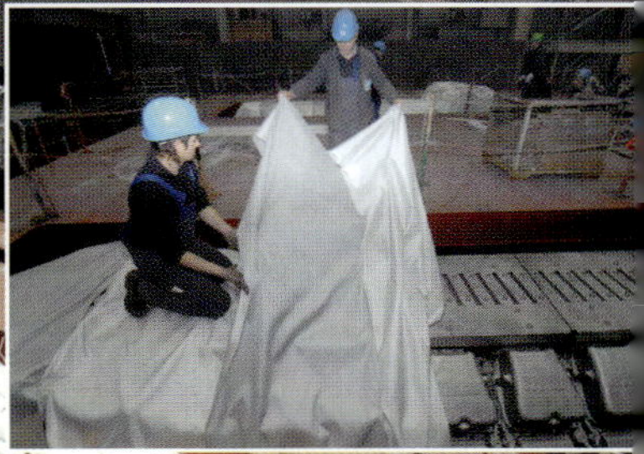

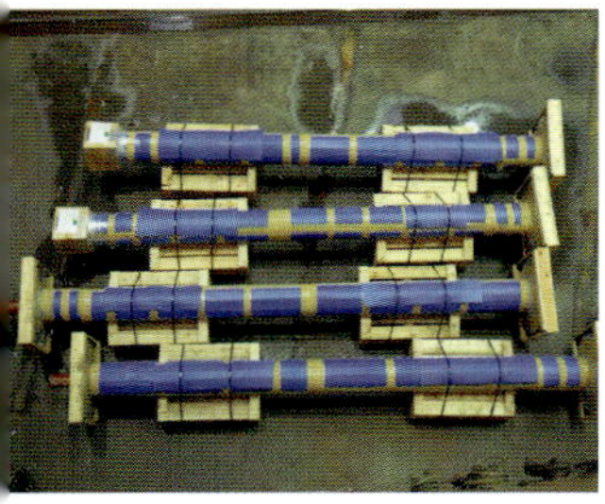
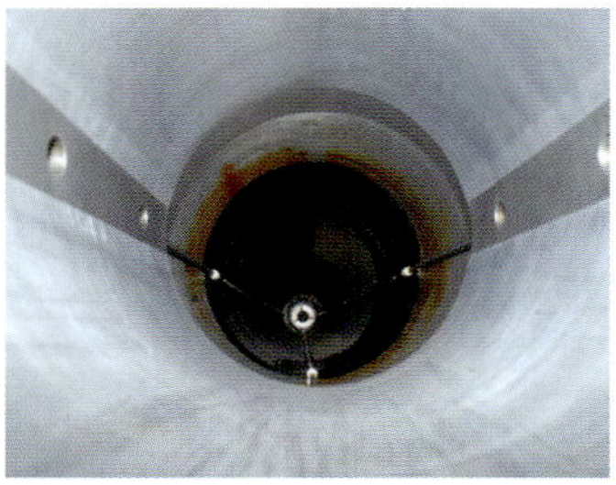
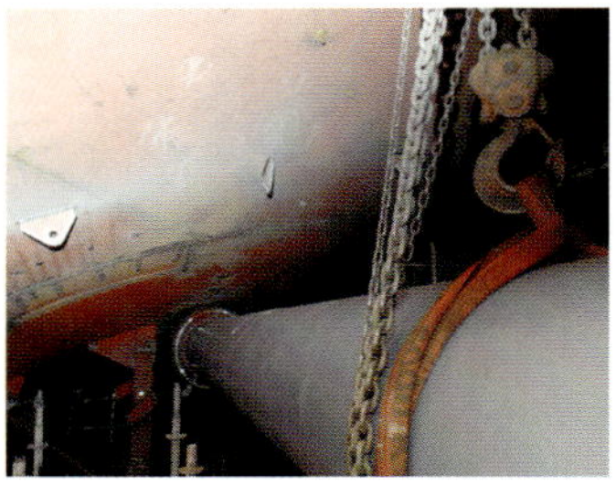

sich die Hauptmaschine vom Lastwagen und schwebt Richtung Hallenboden. Dort werden an ihren acht gefederten Füßen massive Grundplatten angeschraubt. So kann sie sicher auf ihrem Fundament stehen und befestigt werden.

Es geht wieder in die Luft. Über die Hecksektionen 3.2 und 4.2 hinweg schwebt der Motor zum Durchlass in der Sektion 5.2. Er gibt den Weg abwärts zu seinem Fundament frei. Direkt am Montageloch wird es etwas eng. Die Männer vor Ort müssen noch direkt Hand anlegen, um jedwede Kollision der kostbaren Fracht mit den Stahlwänden zu vermeiden. Behutsam senkt sich die aus rund 15.000 Einzelteilen bestehende und fast 50 Tonnen wiegende Hochtechnologie durch das Loch und setzt, von mehreren Werftlern handkräftig dirigiert, sanft auf ihrem Fundament auf. Hier noch ein wenig ausgerichtet, dort noch eine dünne Pappe untergelegt – passt. Jedenfalls gut genug, bis die beiden Hauptmaschinen ausgerichtet werden können. Aber dafür muss das Schiff erst einmal schwimmen und sich die Stahlkonstruktion endgültig gesetzt haben.

Natürlich werden beide Hauptmaschinen und die Hilfsdiesel noch einmal intensiv auf Beschädigungen kontrolliert. Alles ist beanstandungsfrei. Eine feuerfeste Schutzplane dient vorübergehend als Abdeckung. Dann werden sie mit einer eigens gefertigten festen Verkleidung umbaut. Ab jetzt sind die Motoren gegen mechanische Einflüsse und Verschmutzungen gut geschützt und können die nächsten Monate intensivster Bautätigkeit unbeschadet überstehen.

Weniger spektakulär als das Einsetzen der Hauptmaschinen gestalten sich die eher alltäglichen Arbeiten im Maschinenraum. Hier werden Umluftkühlgeräte eingesetzt, dort die Schallisolierung über den Hauptmotoren überprüft und an

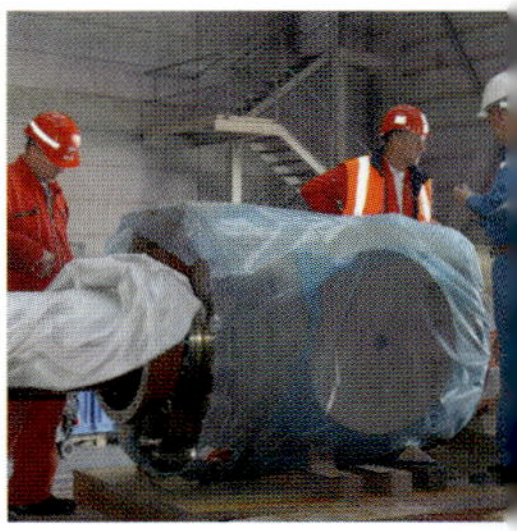

anderer Stelle Arbeitsluft- und Steuerluftbehälter montiert oder Maschinen- und Maschinenkontrollraum auf Sauberkeit kontrolliert. Ein Entöler sowie Schmieröl- und Sludgepumpen kommen ins Schiff, und ein wasserdichtes Schott schließt alsbald den Durchgang zwischen Maschinen und Heckstrahlraum. Andernorts wird der Notdiesel nebst Schalttafel ins Schiff gesetzt. Vier weitere Großgeräte fordern Aufmerksamkeit: Beide Wellengeneratoren und die Getriebe sind auf der Peene-Werft eingetroffen. In drei Tagen sollen sie per Hallenkran und mit viel Geschick auf ihre Fundamente kommen.

Um die benötigten Leistungskriterien von mindestens 19,5 Knoten Geschwindigkeit und 200 Tonnen Pfahlzug bei größtmöglicher Manövrierfähigkeit trotz der Tiefgangsbegrenzung von sechs Metern zu erbringen, waren aus Sicht der Konstrukteure nicht nur eine besondere Rumpfform und starke Antriebsmaschinen nötig. Vielmehr brauchte es auch die Entwicklung von zwei Spezialpropellern, die in eigens auf das Schiff abgestimmten, Schub verstärkenden, gleichzeitig Treibstoff sparenden, mit einem kleinen System-Durchmesser und einem speziellen hydrodynamischen Flügelprofil versehenen Kortdüsen laufen. Die beiden vier Meter durchmessenden Verstellpropeller werden vom schwedischen Propeller-Hersteller Berg Propulsion geliefert, der auf der Insel Höno bei Göteborg neu beheimatet ist. Die Anforderungen an die Verstellpropeller des neuen Notschleppers sind enorm. Gerade, was ihre Zuverlässigkeit und Haltbarkeit angeht. Wenn ein Propeller mit seinen glänzenden Bronzeschaufeln erst einmal am Schiff montiert ist, sind Fehler nicht mehr erlaubt. Von ihrem Funktionieren hängen oft die Sicherheit des Schiffes, der Mannschaft und gegebenenfalls des geschleppten Havaristen ab. Reparaturen und Korrekturen gestalten sich naturgemäß schwierig, da das Schiff dafür extra ins Dock müsste. Das heißt, der Schlepper könnte während dieser Zeit nicht seinen Aufgaben nachgehen und würde dadurch Tag für Tag noch zusätzlich erhebliche Kosten verursachen. Um das zu vermeiden, setzte man auf den Leitspruch von Berg Propulsion: »Hydrodynamik ist unsere Kernkompetenz.«

Schon während der frühen Phase des Großsektionsbaus kommen die vier Zwischenwellen von Berg Propulsion in Wolgast an. Sicher verpackt in einen strahlend blauen Plastikmantel stehen sie in Halle 1 zur Montage bereit. Wenige Tage darauf bringen Transportspezialisten der Peene-Werft die Pakete in den späteren Maschinenraum. Hier, nahe ihres Einbauplatzes, werden sie zunächst einmal nur geparkt. Später hätte man sie nur unter gro-

Oben: Frisch angelieferte Zwischenwellen; Stevenrohr von innen; Montage eines Stevenrohres; Frühzeitiges Einbringen der Zwischenwellen in den Schiffskörper; Vorbereitung zum Vergießen des Stevenrohres; Montage von Zwischenwellen; Abnahme der mit Propellerköpfen bestückten Schwanzwellen

Unten: Generatoren und Getriebe stehen bereit zum Einbau und werden mit dem Hallenkran an ihre Plätze versetzt

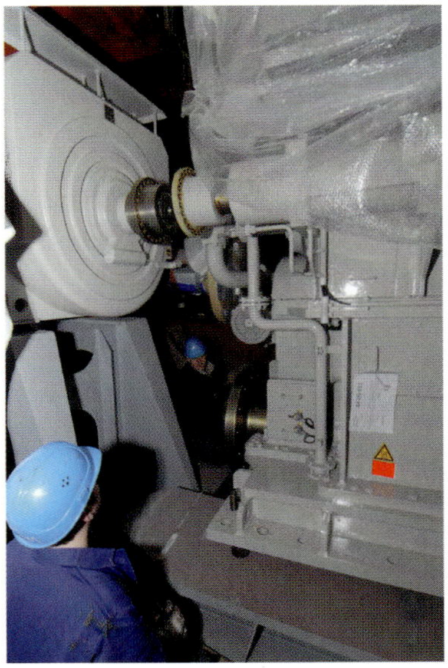

BERG
PROPULSION

ßen Mühen schadenfrei an den Wellengeneratoren und den Getrieben vorbei rangieren können. Zwei Wochen nach ihrer Ankunft, am 12. Februar, werden sie bereits für die Montage vorbereitet und provisorisch eingebaut.

Ende März treffen die mit den Propellerköpfen versehenen Schwanzwellen ein und Werft, Bauaufsicht und GL nehmen an ihnen zunächst Vergleichsmessungen vor. Dann erst werden die Schwanzwellen komplettiert, mit ihren Propellerschaufeln bestückt, in ihre Stevenrohre gesteckt und mit den Zwischenwellen verbunden und ausgerichtet. Nach Beendigung aller Montagearbeiten folgen Rundlauf- und Dichtigkeitsprüfungen. Zum Schluss findet noch die Montage von SKF-Kupplungen statt.

Im Schiffsinnern werden die Wellen durch den Wellentunnel geführt und mit Gleitlagern gehalten. Außerhalb führen sie durch Stevenrohre. So sind sie gegen mechanische Einflüsse geschützt und bei möglichst geringer Reibung wasserdicht von der Außenwelt abgeschlossen. Die Stevenrohre selbst werden nach ihrem Einbau exakt auf ihre Aufgabe hin nivelliert. Zur stabilen Befestigung sind sie an ihren Verbindungsstellen zum Schiffskörper mit Chockfast Orange vergossen. Das ist eine dickflüssige Substanz, die unter leichtem Druck in die hintersten Ecken, Löcher und Spal-

Zwei verstellbare Antriebsschrauben und drei Querstrahler sorgen im Zusammenspiel mit den aktiven Beckerrudern für hochgradige Beweglichkeit

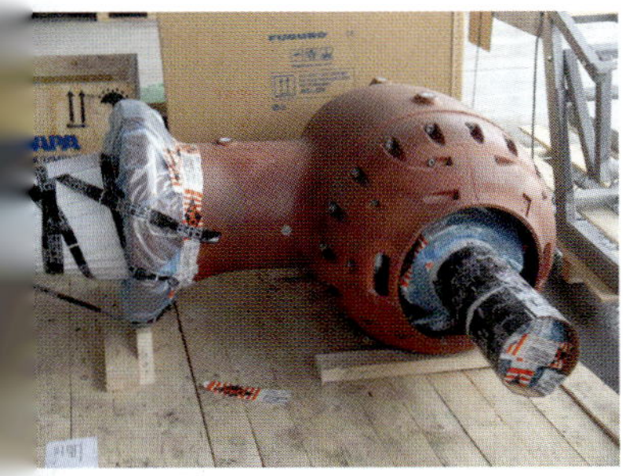

ten fließt. Sie härtet ohne Volumenverlust ab und ist im festen Zustand hart wie Stahl.

Um das Leistungsmerkmal »größtmögliche Manövrierfähigkeit« erfüllen zu können, braucht der Notschlepper eine ausreichende Anzahl leistungsstarker Querstrahler. Aus denselben Gründen wie beim Hauptantrieb kommt es auch hier auf eine gute Wartbarkeit, höchste Zuverlässigkeit und nur minimal zu erwartende Ausfallzeiten an. Wieder entschied man sich bei dieser Investition für den Hersteller Berg Propulsion.

Das modular aufgebaute BFTT-Querstrahlsystem der drei erforderlichen Anlagen besteht aus einem Festpropeller-Triebwerk mit variierbarer Drehzahl und einfacher Umkehrung. Das komplette Triebwerk kann im Tunnel montiert und demontiert werden (swing-in/swing-out Design). Die Propellerblätter können laut Berg Propulsion für jeden Anwendungsfall kundenspezifisch angepasst werden und unterliegen, so der Hersteller weiter, einer absolut zuverlässigen elektronischen Steuerung. Eingebaut werden die drei Prachtstücke Mitte April, wenn das Schiff bereits im Dock liegt.

Für die komplette Projektierung, Konstruktion und Auslegung der E-Anlagen des Schleppers zeichnet die Hamburger Firma INTERSCHALT maritime systems AG verantwortlich. Die Projektierung und Lieferung von Gesamtsystemen im Spe-

zialschiffbau gehört zu den Kernkompetenzen des renommierten Unternehmens. Der Lieferumfang für den Notschlepper umfasst die Schaltanlage, die Brückenpulte, das Maschinenkontrollpult, die Beleuchtungsanlage, die USV-Anlagen, die Notstromversorgung, die interne Kommunikation und die gesamte Bordverkabelung. Zudem stellt Interschalt auch sein gerade erst eröffnetes Schulungs- und Ausbildungszentrum für Seepersonal (MET) zur Verfügung, eines der größten und modernsten dieser Art in Europa. Hier findet die theoretische Ausbildung der späteren Notschlepper-Besatzung statt.

Auf dem Neubau des Notschleppers beginnen bereits die Vorbereitungen für die Installation des Kabelnetzes. Elektriker montieren in einer feinen Gitterstruktur gefertigte metallene Kabelträger entlang der Stellen, an denen zukünftig die entsprechenden Kabel verlaufen müssen. Teilweise befestigen sie daran schon jetzt viele Kilometer Strom- und Übertragungskabel quer durchs (halbe) Schiff. Später, nach dem Zusammenfügen beider Schiffshälften, müssen die jeweiligen Elektroleitungen nur noch zu ihren Endpunkten weitergeführt und miteinander oder mit ihren zugehörigen Funktionsträgern verbunden werden.

Mit Ausnahme der Doppelbodensektionen schlängeln sich die endlosen Kabelschnüre durch nahezu alle Ecken und Flächen der Großsektionen und bilden bis zur Endmontage eine verwirrende und manchmal gar farbenprächtige Kulisse. Jedes der Kabel ist an seinen beiden Enden mit einem Zahlencode beklebt. Anhand dieser Markierung kann der jeweilige Elektriker genau erkennen, wo es hingehört und wofür es verwendet werden soll – sei es für Steckdosen, Lampen oder als Datenkabel für irgendein Gerät. Die Aufkleber bleiben bis zur endgültigen Installation an Ort und Stelle, auch, wenn die Isolierungen zur Vorbereitung des Anschlusses entfernt werden.

Neben all den Gewerken, die schon jetzt in oder auf dem Schiff beschäftigt sind, treten nun die »Artisten« unter den Handwerkern auf: die Gerüstbauer. Eine Spezialistengruppe, deren Arbeitsergebnisse manchmal geradezu kunstvoll daher kommen, in vielen Fällen schlicht erstaunlich sind und in jedem Fall notwendig für den Fortgang der Bauarbeiten. Stellenweise sind sie schon während des Einzelsektionsbaus gefordert. Aber jetzt, wo es insbesondere zunehmend in die Höhe geht, zeigt sich ihr wahres Können.

In der Zeit der Großsektions- und Endmontage wird der Schiffskörper größtenteils eingerüstet. Auch im Innenbereich gibt es eine Reihe von sogenannten Innengerüsten, die teilweise feststehend größere Höhen überwinden oder beweglich innerhalb geschlossener Räume bereitstehen. Sie ermöglichen Montage-, Konservierungs- und Prüfarbeiten nebst Flächenbereitstellung für die dazugehörigen Geräte und Materialien. Dafür müssen sie natürlich einem genormten Sicherheitsstandard entsprechen, schnell und einfach aufzustellen sein und Zugang auf alle Positionen am Schiff verschaffen.

Ein Gerüst besteht im Wesentlichen aus einer oder mehreren übereinander angeordneten Flächen, die durch Leitern oder Treppen untereinander verbunden sind. Auf den begehbaren Arbeitsflächen befindet sich ein sogenannter Gerüstbelag aus Metall oder Holz. Zudem sind die Ebenen abseits vom Schiffsrumpf zwingend mit einem Hand-

Oben: Verlegen von Starkstromkabeln; Sortieren von Kabeln auf der Brücke; Kabelordnung im Maschinenkontrollraum; Boden- und Kabelarbeiten; Fixieren von Kabelsträngen; Vorsortiert und angeliefert gilt es nun, die neuen Kabel an ihren Platz zu bringen

Unten: Abisolierung von Kabelenden; Haltegerüste für die Kabel und Baugerüst für die Arbeiter; Gerüstbauer sind innen wie außen am Schiff tätig

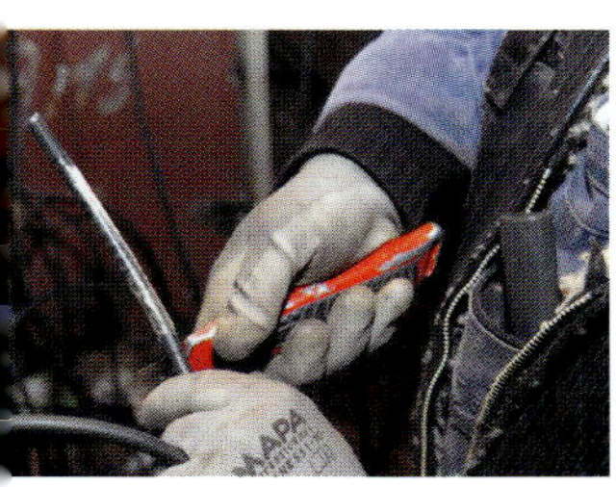

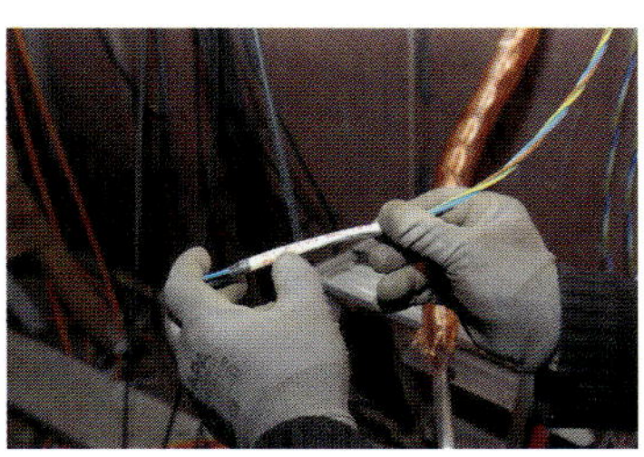

Gerüstbauer sind am Schiff tätig; Dichtigkeitsprüfungen

lauf auf Bauchhöhe und auf halber Höhe zwischen Boden und Handlauf mit einer Knieleiste versehen. Um eine Gefährdung durch herabfallende Gegenstände zu vermeiden, ist die Arbeitsfläche auch noch mit einer Fußleiste umgeben.

Und wie geht es weiter mit dem Schiffbau? Grundsätzlich ermöglicht der Zusammenbau der Einzelsektionen zu immer größeren Verbänden eine immer mehr konkret auf die späteren Aufgaben hinweisende Qualitätskontrolle. So können mittlerweile zum Beispiel die Tanks auf ihre Dichtigkeit überprüft werden. Zu diesem Zweck werden sie provisorisch an den Durchgängen – wie Mannlöcher oder Anschlüsse – hermetisch verschlossen und mit Luft auf einen Prüfdruck von 0,2 bar gefüllt. Dann gehen die Kontrolleure mit Taschenlampen alle Schweißnähte auf der Gegenseite der geschlossenen Tanks ab und suchen nach Schwachstellen. Damit sie undichte Stellen besser erkennen können, werden die Nähte unmittelbar zuvor mit einem flüssigen Mittel besprüht, das bei Luftzug sofort Blasen wirft. – Ganz so wie bei der Kontrolle eines geflickten Fahrradreifens, den man ins Wasser hält.

Speziell bei diesem Notschlepper stehen zusätzlich auch noch Prüfungen auf Gasdichtigkeit an. Die zu prüfenden Räume werden dabei ebenso hermetisch verschlossen und mit einem leichten Luftüberdruck gefüllt. Luftdruckmessgeräte kontrollieren nun über einen längeren Zeitraum, ob der Druck abfällt. Und wenn ja, in welcher Geschwindigkeit das geschieht. Im Falle eines nur sehr langsamen Abfalls heißt das nicht unbedingt, dass die Prüfung gescheitert ist. Vielmehr gehen die Experten beim Zitadellenbetrieb davon aus, dass große Räume aufgrund der durch Bewegung beanspruchten Dichtungen (zum Beispiel an Türen) ohnehin nicht vollständig dicht zu bekommen sind. Von daher würde beim Verschlusszustand im Innenbereich ein ständig kontrollierter und aufrechterhaltender Überdruck gefahren.

Ansonsten wächst der Schiffskörper weiter:

02. Februar 2010 – Aufsetzen Sektion 3.3.

03. Februar 2010 – Abnahme Sektionen 4.2/1, 9.2/1, 11.1/2 und 10.1/2 fehlgeschlagen, Aufsetzen Sektion 11.4.

04. Februar 2010 – Abnahme Sektionsstöße 4.2/1, Sektion 11.1/2 an 10.1/2, Sektion 10.2 auf 10.1 sowie an 9.2, Sektion 9.2 auf 9.1. Ansetzen Sektion 2.2/1.

05. Februar 2010 – Aufsetzen Sektion 10.4. Abnahme Sektionsstöße 9.3 und 10.3.

10. Februar 2010 – Abnahme Sektionsstöße 11.3 auf 11.2 sowie an 10.3.

11. Februar 2010 – Abnahme Sektionsstöße 5.2/1 und 4.2.

15. Februar 2010 – Ansetzen Sektion 1.1 auf 1.3.

16. Februar 2010 – Abnahme Sektionsstöße 3.1/2 an 4.1/2.

17. Februar 2010 – Aufsetzen Sektionen 10.5 und 4.3.

23. Februar 2010 – Arbeiten an Seekästen. Ansetzen Wulstbug.

24. Februar 2010 – Abnahme Sektionsstoß 11.4/3.

Aufsetzen des Deckshauses

25. Februar 2010 – Aufsetzen Sektion 5.4. Anpassen Wulstbug steuerbord.

26. Februar 2010 – Abnahme Sektionsstöße 10.4/3 sowie an 11.4. Teilabnahme Sektion 1.1 an 2.

01. März 2010 – Anpassen Wulstbug backbord.

02. März 2010 – Aufsetzen Sektion 12.3/4/5 auf Sektion 12.1 (wird angepasst). Abnahme Sektionsstöße 2.3-3.3-2.2.

04. März 2010 – Abnahme Sektionsstöße 9.4/3 und 10.4.

05. März 2010 – Abnahme Sektionsstöße 1.3 mit 1.1 und an 2.3.

08. März 2010 – Arbeiten an Schleppbügel.

09. März 2010 – Abnahme Sektion 12.3/4/5, Vorschiff, Schanzkleid, C-Deck/D-Deck, Sektionen 13.2-13.7.

10. März 2010 – Abnahme Sektionsstöße 4.3 auf 3.3 an 4.2. Vorschiff aus Halle gezogen und Deckshaus aufgesetzt.

12. März 2010 – Abnahme Sektionsstöße 5.3 auf 4.3 an 5.2.

13. März 2010 – Einpassen und Verschweißen vordere Umlenkrollen.

15. März 2010 – Aufsetzen Sektion 1,4 auf 1.3

18. März 2010 – Abnahme Sektionsstöße 11.5/4, 10.5/4 an 11.5, 9.5/4 an 10.5

19. März 2010 – Abnahme Sektionsstöße 12.1 mit 11.1-3, 12.3-5 auf 12.1 und an 11.4-5.

26. März 2010 – Abnahme Sektionsstöße 5.4/3, 4.5/3, 4.4/3, 3.4/3, 2.4/3.

01. April 2010 – Abnahme Sektionsstöße 1.4/3 an 2.4.

DURCHSCHRITT

Aus zwei mach eins und ab ins Wasser

Bisher hat der Bau des Schleppers nahezu durchgängig in vollständig witterungsgeschützten Montagehallen stattgefunden. Mit einer kleinen Ausnahme: dem Aufsetzen des Deckshauses am 10. März auf das vordere Modul. Hierfür ist selbiges bereits schon einmal nach draußen gezogen worden, da das Aufsetzen drinnen nicht möglich war. Nun aber, am 26. März, verlässt die vordere Großsektion die Halle endgültig Richtung Trockendock. Dort soll nach entsprechender Vorbereitung am 6. April ihre Verbindung mit dem hinteren Gegenstück zum kompletten erfolgen.

Die Sektionen werden mit Hilfe einer speziellen Klemm- und Vorschubeinrichtung bewegt. Mit ihr werden die untereinander verbundenen Taktwagen, auf deren Kielblockträgern die Großsektion ruht, zunächst schrittweise aus der Halle heraus bis nahe an die Hebeplattform des Docks gezogen. Den letzten Rest des Weges werden sie geschoben, bis das Modul vollständig auf der Plattform zum Stehen kommt. Hauptelemente einer solchen Klemm- und Vorschubeinrichtung sind eine hydraulische Klemmeinheit und ein doppelt wirkender Hydraulikzylinder, der die Vorschubbewegungen bewirkt.

Der Bewegungszyklus beginnt mit dem Betätigen der Klemmzylinder. Sie klemmen die Schub- und Zugeinheit auf den Schienen fest. Dann fahren die beiden Hydraulikzylinder einige Meter weit aus und ziehen die Sektion um den Betrag des Zylinderhubes wieder an sich heran. Nach dem Lösen der Klemmen drückt sie sich mit Hilfe der doppelt wirkenden Hydraulikzylinder und dem Modul als Abstützmasse auf die Länge des Zylinderhubes wieder ab und der Zugvorgang kann von neuem ablaufen. Nach dem mit einem Kran vollzogenen Seitenwechsel verläuft das Ganze umgekehrt. Dann wird die Sektion um den Betrag des Zylinderhubes verschoben und die Schubeinheit nach dem Lösen der Klemmen mit Hilfe der doppelt wirkenden Hydraulikzylinder und dem Modul als Haltemasse nachgezogen.

Auf der Peene-Werft in Wolgast gibt es nur ein einziges Dock, das als Schiffskörperendmontageplatz verwendet werden kann, wodurch das Problem einer eventuellen Kapazitätsüberlastung auftreten kann. Dieser Sachverhalt beschleunigte

Linke Seite: Ein Anblick, wie es ihn nie wieder geben wird: Einblick in beide Schiffshälften

Diese Seite: Das Vorschiffmodul wird ins Dock gezogen und geschoben

die Entwicklung neuartiger fertigungsorganisatorischer Lösungen zur Steigerung der Arbeitsproduktivität bis hin zur Endmontage des Schiffskörpers. Kurz gesagt: Das Dock muss so schnell wie möglich wieder frei sein, um den Bau nachfolgender Schiffe nicht zu verzögern.

Das unter freiem Himmel liegende Trockendock ist geeignet für Schiffe bis zu 170 Meter Länge und 27,6 Meter Breite. Sein aus Stahlbeton bestehendes längliches Wasserbecken entspricht eher einer konventionellen Form, mit Ausnahme des Dockliftes, der dazu dient, die Module möglichst schonend auf Niveau des Dockbodens zu bringen. Der große schiffbauliche Vorteil eines Docks liegt grundsätzlich darin, dass Schiffe in ihnen auf ebenem Kiel gebaut werden können. Auf der Peene-Werft erlauben das Dock und die beheizbaren Werkhallen somit ein Arbeiten auf durchgängig ebener Fläche.

Die am Wasser liegende Schmalseite des Trockendocks kann geöffnet werden. So ist es möglich, den aufgeschwommenen Neubau nach dem Fluten des Docks bei ausgepegeltem Wasserstand mit zwei kleinen Assistenzschleppern an die Ausrüstungspier zu verholen. Das Dock wird durch ein schwimmfähiges, pontonartiges Docktor vor

dem Peenewasser abgeschottet. Es wird zum Ein- und Ausdocken der Schiffe, nachdem das Flusswasser ins Dock strömte, entriegelt und leergepumpt mit dem Dockkran an Land gehoben.

Die beiden Module können auf diese Weise relativ leicht zueinander ausgerichtet werden. Optische Messgeräte und Lasergeräte sorgen für die notwendige Präzision bei der Ausrichtung. Nach dem Längs- und Querausrichten werden beide Schiffshälften in die erforderliche Lage zueinander gebracht und durch spezielle schiffbauliche Vorrichtungen fixiert, wie wir sie schon an anderer Stelle kennengelernt haben.

Auf der Schiffsbaustelle sind jetzt zunehmend Isolierer am Werk. Schon während der Sektionsbauphase müssen sie sich untereinander und erst recht mit den anderen Gewerken absprechen, wer wann womit und wie lange an bestimmten Stellen tätig sein kann und muss. Diese Koordinierung der Arbeitsabläufe kann zum Beispiel dazu führen, dass die Konservierer mit ihren Lackierarbeiten vorwiegend nachmittags, abends und an den Wochenenden großflächig im Einsatz sind, weil die Mitarbeiter der anderen Gewerke dann, wenn überhaupt, nur noch in geringer Anzahl vor Ort sind.

Besonders für die Konservierer und Lackierer ist es oft gar nicht so einfach, ihre notwendigen Arbeitsschritte in den konzentrierten und parallel auf mehreren Ebenen stattfindenden Notschlepperbau einzubinden. Allein schon das zunehmend aufwendiger werdende Abkleben vor den Malerarbeiten! Jedes Gerät, alle Rohre und Installationen gilt es vor einer Verunreinigung durch die Farben zu schützen. Und Abkleben kostet nun einmal die meiste Zeit, wie jeder weiß, der bei sich zu Hause schon einmal ordentlich renoviert hat.

Den Malern folgen die teilweise schon während der Sektionsbauphase tätigen Isolierer. Sie kleiden nahezu alle Schiffswände und -decken mit meist aus Mineralwolle bestehenden Isoliermatten aus, die vor Lärm, Feuer, Kälte und Hitze schützen sollen. Die Matten werden in der Regel mit zuvor angeschweißten dünnen Bolzen und Halterungen an den Wänden befestigt. Rohrleitungen erhalten passend dimensionierte »Mäntel«.

Schiffbaulich ist der Notschlepper mittlerweile ein stattlicher Anblick. Jetzt wartet er im Dock auf die Ankunft der Hauptschleppwinden. In Uetersen, dem Hauptsitz und Produktionsstandort der HATLAPA Maschinenfabrik GmbH & Co. KG, werden Ende April letzte Arbeiten an der für die spezifischen Anforderungen maßgeschneiderten »Doppeltrommel-Schleppwinde in Wasserfall-Anordnung« erledigt. Schiffsauftraggeber, Werft und Germani-

Oben: Vor- und Achterschiffmodul werden im Trockendock zusammengeführt; Isolier- und Abklebearbeiten im Schiffsinnern

Unten: Von Maschinenraum zu Maschinenraum; verlegte Isoliermatten

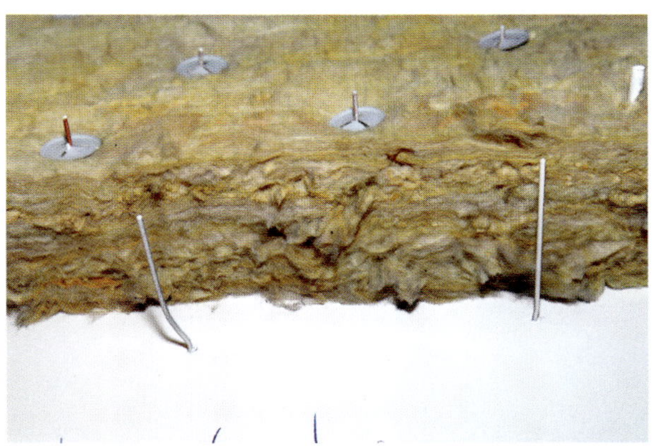

As easy as 1, 2, 3...
HATLAPA
MARINE EQUIPMENT
~ Around the clock
~ Around the world
~ Always at your service
DECK MACHINERY
OFFSHORE POWER
COMPRESSORS
STEERING GEAR
FLEET SUPPORT
HATLAPA
world-wide service

scher Lloyd haben sich zur Abnahmeprüfung angesagt. Wie nicht anders erwartet, verläuft diese dann auch ganz im Sinne des holsteinischen Decksmaschinen-, Kompressoren- und Ruderanlagenherstellers.

Nun steht der Reise nach Wolgast eigentlich nichts mehr im Wege. Außer, dass die beiden gleich starken Schleppwinden als »Zwillingspärchen« für den Weg über die örtlichen Straßen zum Industriehafen nach Glückstadt schlichtweg zu groß sind! Also, jetzt wieder voneinander trennen und die beiden Bauteile nach dem nächtlichen Transport später wieder in der frühen Maisonne an der Hafenkaje zusammensetzen.

Hier wartet man bereits seit 7.00 Uhr früh auf die Schwerlaster – und zudem auch noch auf die KARINA W und die beiden speziell auf das Verlaschen von Schwergut geschulten Ladearbeiter aus Hamburg. Die stecken im Verkehrsstau! Um acht kommt Bewegung ins Spiel. Die beiden Tieflader rollen mit den Winden über die Deichstraße in den Hafen und präsentieren ihre Fracht vor stahlblauer Himmelskulisse. Es geht los!

Zwei Autokrane und drei Stunden sorgsamer Zusammenarbeit aller Beteiligten von HATLAPA und dem Transportunternehmen aus Elmshorn braucht es, beide Winden wieder vollständig miteinander zu vereinen. Unterdessen ist auch der Küstenfrachter KARINA W eingetroffen und zeigt seinen offenen Laderaum. Die Ladearbeiter werden nun erst gegen Mittag erwartet – immer noch Stau auf der Autobahn.

Gegen 10.30 Uhr sind beide Winden wieder in Wasserfall-Anordnung fest verbunden und die Hebeseile der Autokrane an ihnen befestigt. Alles wartet. Gute Gelegenheit für eine kleine Frühstückspause. Kaum sind Brötchen und Kaffee aufgebraucht, kommt ein Hamburger Auto auf die Gruppe zu. Sie sind da.

Kurze Begrüßung und ab geht es für die beiden Ladearbeiter in den Laderaum der KARINA W, um ihn für die schwere Last vorzubereiten. Keine halbe Stunde später ist es dann so weit. Die Doppelwinde hebt sich, von beiden Kranen getragen, langsam vom Boden ab und schwenkt herüber zum Schiff. Sachte senkt sie sich in den Laderaum hinein, ohne dessen Wände zu berühren. Unten angekommen ruht sie auf ausgelegten Holzbohlen, die ihr Gewicht etwas besser über den Boden des Laderaumes verteilen. Die Ladeleute verlaschen sie nach allen Richtungen hin mit Ketten. Gegen Mittag startet der Küstenfrachter zum Nord-Ostsee-Kanal in Richtung Wolgast.

Zwei Tage später, am 7. Mai um 12.45 Uhr, öffnet sich die Klappbrücke von Wolgast und lässt KARINA W landeinwärts passieren. Schnell legt sie an der Ausrüstungspier der Peene-Werft an, direkt gegenüber dem im Dock liegenden Notschlepper. Die Ladeluken werden aufgefahren. Zügig und mit geübten Handgriffen legen die in Transportdingen gut bewanderten Maschinenbauer der Werft die Winden an die Kranleine. Keine halbe Stunde später schwebt eines der Herzstücke des neuen Nordsee-Notschleppers über dem ihm bestimmten Platz auf dem Schiff.

In Zeitlupe bewegt der Werftkran seine Last auf den minutiös berechneten und ausgeschnittenen Durchlass zu. Nicht jeder Beobachter ist davon überzeugt, dass die riesige Doppelwinde auch wirklich da durchgeht. – Sie geht! Wenn auch mit kleinem Kniff.

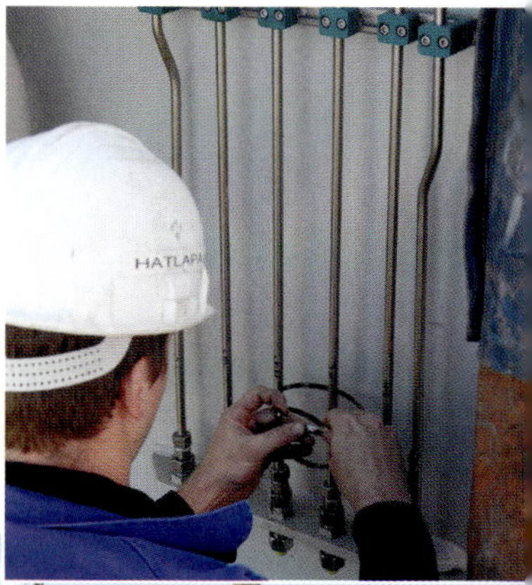

Die Doppelwinde wird wieder zusammengebaut und verschifft

Gut, dass es fachkundige Spezialisten gibt! Unten angekommen wird sie zunächst einmal nur provisorisch abgestellt. Einige Tage später richtet das HATLAPA-Personal sie exakt aus und passt anschließend das Windenfundament schiffbaulich an. Dem folgen Anschlussarbeiten an das hydraulische und elektrische System des Schiffes. Am 22. September erfolgt die Abnahme von GL und Bauaufsicht. Und am 26. und 27. September kann der Draht auf beide Trommeln aufgespult werden. Aber da liegt das Schiff schon längst im Wasser, und alle Schiffsverbände haben sich gesetzt.

So ist auch der Leitwagen erst nach der Wasserung an Bord gekommen. Man musste zunächst abwarten, wie sich das Schiff im Wasser formt. Erst dann konnten auch die letzten Schweißarbeiten an der Winde erfolgen. Das Windenhaus wird zwei Tage nach dem Ausdocken, am 4. Juni, aufgesetzt, in den Folgetagen angepasst und verschweißt. Von der großen Schleppwinde ist ab diesem Zeitpunkt von außen nichts mehr zu sehen.

Was passiert noch beim Schiffbau außerhalb des Docks? Die Ausbildungswerkstatt wird um zwölf Quadratmeter verkleinert, um Raum für eine Drahtkoje zu schaffen. – Anscheinend hat bisher wohl niemand an eine Last für Reservedrähte gedacht. Noch im Dock wird am 30. April die Brücke auf das Schiff gesetzt, am 6. Mai die

Vorbereitende Arbeiten und Einsetzen der Doppelwinde ins Schiff

Montage der Brückendeck-Sektionen 14.1/2 auf das Deckshaus 13.6/7 abgenommen. Das Aufsetzen des großen Schornsteins folgt am 26. Mai. Einen Tag vor der Ausdockung werden auf den Sektionen 10.5 und 11.5 die Schanzkleider montiert. Außerdem wird der erneute Einbau der Klüsen im Schanzkleid abgenommen.

Es folgen noch ein paar schiffbauliche Abnahmen (Schanzkleid 5.5 auf 5.4 an 9.5 Peildeck Sektion 14.2 und Schornstein 14.3) und dann wird das Schiff zur Vorbereitung des Aufschwimmens mit rund 300 Tonnen Ballastwasser gefüllt. Am 2. Juni 2010 läuft das Wasser ab 15.30 Uhr langsam ins Dock. Kaum sind alle Seekästen unter Wasser, führt die Werft Dichtigkeitskontrollen durch – alle Außenbordventile sind dicht. Der zukünftige Notschlepper für die Nordsee schwimmt gegen 16.00 Uhr zum ersten Mal auf.

Der Neubau kommt in sein Element und wird an die Ausrüstungspier geschleppt; kaum festgemacht gehen die Arbeiten weiter

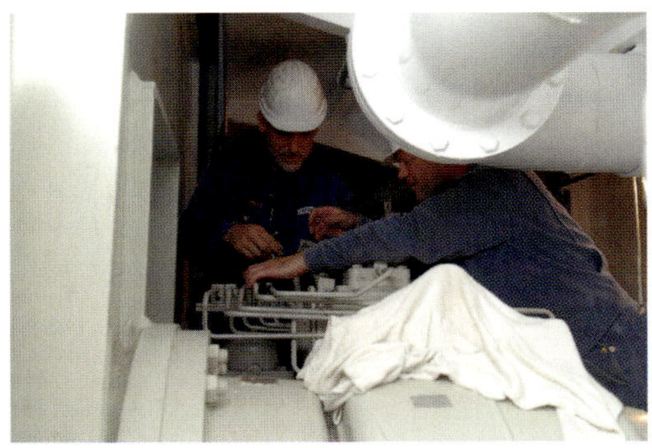

ALLE FÜR EIN ZIEL

Endspurt – Der Neubau wird zu einem Schiff

Abschlusslackierung, Innenausbau und Estrich legen

Es ist gerade einmal einen Tag her, seit der Neubau mit zwei Schleppern aus dem gefluteten Dock geschleppt und an die Ausrüstungspier verholt wurde. Ab heute scheint sich die Anzahl der Gewerke, die im Schiff tätig sind, vervielfacht zu haben. Nahezu kein Raum mehr, wo nichts geschieht. Verschiedenste Firmen arbeiten gleichzeitig an Bord, und dem unbeteiligten Betrachter ist es ein Rätsel, wie das alles sinnvoll zusammen laufen kann. Isolierer, Lackierer, Elektriker, Rohrverleger, Estrichleger, Tischler, Installateure, Klimawerker, Elektroniker, Seiler, Rohrschlosser, Maschinenbauer, Schiffbauer und wer weiß, was noch für Berufsgruppen und Firmen nun hier ihrer Arbeit nachgehen.

Eine der Berufsgruppen, die auch in dieser Bauphase nahezu überall anzutreffen sind, stellen die Lackierer dar. Keine Wand, die nicht zunächst noch zu konservieren ist, bevor Isolierungen, Kabel, Wandteile oder Geräte an sie gebracht werden. Und erstaunlich viele Wände und Flächen, die schon gestrichen waren und jetzt plötzlich Verbrennungsflecken oder Abschabungen zeigen. Ab und an gibt es zudem auch einmal einen Farbenwechsel an der einen oder anderen Stelle. Haftprobleme oder unsauber verlaufener Lack verschaffen den Lackierern zudem noch einige Wiederholungsarbeiten.

Das wäre alles nicht sonderlich schwierig, gäbe es da nicht eine große Anzahl Vertreter anderer Gewerke, die gerade an diesem Ort und zu dieser Zeit unbedingt und dringend ihren Teil des Werkes erledigen müssten. Die Boden- und Estrichleger wissen davon erst recht ein Lied zu singen. Sie verlegen je nach Notwendigkeit noch Isoliermatten und metallene Bodenplatten, bevor ein unter Umständen wasserfreier Estrich gelegt wird. Um ihre Arbeit machen zu können, müssen sie Raumteile oder sogar ganze Räume und Durchgänge für

Es ist die Zeit für Anschlussarbeiten; Werftübersicht

viele Stunden komplett sperren – sehr zur Freude aller anderen Beteiligten. Etwas ruhiger haben es da die Lackierer, die im Außenbereich arbeiten, jedenfalls solange sie nicht das Deck streichen müssen, sondern sich von den üblichen Laufwegen entfernt aufhalten.

Wirkt der Innenausbau des Schiffes bis jetzt noch so, als könne es nie rechtzeitig fertiggestellt werden, rücken die einrichtenden Gewerke an. Wände und Decken erhalten Haltekonstruktionen, die über verlegte Rohre und Kabel hinausragen und decksweise schon langsam die wirklichen Ausmaße der späteren Räumlichkeiten erahnen lassen. Und plötzlich geht es ganz schnell. Schon nach wenigen Tagen überdecken Fertigplatten alles bisher Geschehene und machen die Räume klar, übersichtlich und ordentlich. Irgendwie wird es jetzt vorstellbar, dass das Schiff nun doch bald fertig sein wird, zumal in den bisher weitläufigen Räumen nun allmählich isolierte und verkleidete Wandgerüste entstehen, die die Raumaufteilung vorgeben. Kammern und Funktionsräume werden jetzt auch für Außenstehende erkennbar.

Eine schiffbauspezifische Besonderheit bleibt dem Beobachter, wenn auch nur sehr selten, noch zu bestaunen: das späte Einbringen großer Geräte. Soweit möglich geschieht das ja schon während der Sektionsbauphase oder solange beide Großsektionen noch getrennt waren. Da herrschten ja noch große Öffnungen, in die man die entsprechenden Maschinen, Geräte, Pulte und Schränke mit Hilfe von Kran und Kettenzug einbringen konnte. Oder sie wurden einfach da abgestellt, wo sie ihren Platz haben und anschließend von der nächstaufgesetzten Sektion überdeckt werden.

Wir haben die zweite Julihälfte. Im Maschinenraum beschäftigt man sich unterdessen mit der Ausrichtung der Wellengeneratoren zum jeweiligen Getriebe. Erste Messungen lassen die Interpretation zu, dass die Toleranzen für den betriebswarmen Zustand eingehalten werden. Eine letzte Nachfrage beim Kupplungshersteller bestätigt die ermittelten Werte als in Ordnung, woraufhin die Generatoren nun mit dem schon bei den Stevenrohren kennengelernten Chockfast Orange vergossen und damit quasi unverrückbar befestigt werden können.

Rechte Seite: Allerorten im Schiff finden letzte Arbeiten statt

PEENE-WERFT
INTERSCHALT

mtu

Blick auf den Bordkran; Treppenmontage; Richtarbeiten; Montage einer Bügelseilhülse

Nun sind die Hauptmaschinen an der Reihe. Auch sie werden zum Vergießen vorbereitet. Schon am nächsten Tag, dem 30. Juli, wird Ausrichtung und Rundlauf zu den Getrieben vom GL und der Bauaufsicht überprüft und abgenommen. Nun können auch die Herzstücke des Notschleppers mit dem flüssigen Kunststahl vergossen werden. Der erste Probefahrtstermin rückt unaufhaltsam näher.

Es ist bereits Anfang September. Will man termingerecht mit der Arbeit fertig werden, bleiben lediglich noch drei Wochen, um alles zum Laufen zu bringen. Da trifft es sich gut, dass jetzt auch der Bordkran von HMB lintec marine aus Buxtehude angeliefert wird. Dieses mit einer pendelarmen Lastaufhängung bestückte große Werkzeug ist unter Hafenbedingungen in der Lage, mit seiner 16 Meter reichenden Auslage noch 6,5 Tonnen zu heben. Unter Offshore-Bedingungen sind es immerhin noch vier Tonnen bei einer signifikanten Wellenhöhe von zwei Metern. Für den Aufenthalt in einer explosiven Atmosphäre kann der Kran zur Vermeidung von eventueller Funkenbildung vollkommen stromfrei geschaltet werden.

Knapp eine Woche vor geplantem Fahrtbeginn kommen nun auch die beiden 80 Millimeter dicken und 1.200 Meter langen Schleppdrähte von SELDIS polysteen aus Hamburg beim Notschlepper an. Sie sind auf speziellen selbstlaufenden und vor allem auch -bremsenden Drahttrommeln montiert, die zu einem so starken Gegenzug in der Lage sind, dass der Draht auf den Trommeln der Schleppwinden stramm aufgewickelt werden kann.

Die Schleppdrähte sind aus hochfestem Stahl hergestellt und erreichen eine Nennfestigkeit von rund 180 Kilopond pro Quadratmillimeter. Die Drahtseile bestehen aus sechs Litzen, die wiederum aus 36 verzinkten Einzeldrähten unterschiedlichen Durchmessers zusammengedreht sind. Zudem verfügen beide Drähte über eine sogenannte »Warrington Seale«-Machart: eine Stahlseele, die die Bruchkraft der Seile noch einmal deutlich erhöht.

Mit dem Werftkran wird das eine Ende eines Seiles, an dem eine stabile und lange Führungsleine befestigt wird, bis dicht vor die Winde gehievt. Auf ihrer Windentrommel angekommen, wird es dann mit viel Kraft, Mühe und Aufwand durch ein kleines Loch in der Trommelwand geführt und auf der anderen Seite fest eingeklemmt. Nun beginnt sich die Trommel langsam zu drehen und den Draht dabei aufzuwickeln. Danach werden die Drahtenden von SELDIS-Mitarbeitern noch mit je einer vergossenen Bügelseilhülse versehen, an der später Schäkel befestigt werden können.

Aufspulen des Schleppdrahtes; letzte schiffbauliche Schweißarbeiten

DIE LUFT DRINNEN UND DA DRAUSSEN

Zitadellenbetrieb für den Notschleppeinsatz

Zum ersten Mal ist ein Notschlepper mit einer außenluftunabhängigen Schutzluftversorgung für Einsätze in gefährlicher Atmosphäre ausgerüstet. Entwickelt wurde das eigens an den Einsatz auf See angepasste System in Zusammenarbeit von der »ARGE Küstenschutz« und Dräger. Der in Lübeck beheimatete Konzern der Medizin- und Sicherheitstechnik konnte dabei seine langjährigen Erfahrungen beim Bau von Lösch- und Rettungszügen sowie Flucht- und Rettungskammern einbringen, wie sie beispielsweise im Bergbau, bei Offshore-Anlagen und in Tunneln genutzt werden.

Mit dieser Innovation ist die Atemluftversorgung auf dem neuen Nordsee-Notschlepper selbst unter unbekannten toxischen Bedingungen gesichert. – Ein dringendes Anliegen der Auftraggeber, denn gerade in Anbetracht heterogener Ladungen auf Containerschiffen und sonstiger Bestandteile eines havarierenden Schiffes können nicht immer alle Informationen über die dabei auftretenden Schadstoffe und deren Mischungen vorliegen. Umso schwieriger, wenn der Havarist auch noch in Brand gerät.

Systeme, bei denen die Schutzluft aus der Außenatmosphäre über Spezialfilter zugeführt wird, setzen voraus, dass die enthaltenen Schadstoffe mit Sicherheit bekannt sind und zudem die vorhandenen Filter auch dagegen schützen. Sind die atmosphärischen Bedingungen allerdings schwer kalkulierbar und nicht hinreichend bekannt, so das Ergebnis einer von der ARGE und Dräger gemeinsam mit der See-Berufsgenossenschaft durchgeführten Gefährdungsbeurteilung, ist bei einer Havarie auf See eine außenluftabhängige Filterlösung nicht ausreichend. Allein mit einer außenluftunabhängigen Schutzluftversorgung könne die Schiffsführung die Einsatzentscheidung ohne zeitaufwendige Messungen treffen und eine Gefährdung der eigenen Besatzung während des Aufenthaltes in der Wirkzone sicher ausschließen.

Besteht nun der Verdacht, dass giftige und/oder zündfähige Stoffe beim Havaristen auftreten, stellt die Besatzung den Gasschutzbetrieb her. Dazu werden alle Luftaustritte zwischen der sogenannten »Zitadelle«, womit der gasdicht verschließbare Innenbereich des Schiffes gemeint ist, und der Außenwelt geschlossen. Ein Hochleistungsgebläse erzeugt in der Zitadelle mit noch sauberer Außenluft einen Überdruck. Das verhindert ein Eindringen von Schadgasen. Ist der Überdruck von zwei Millibar (Zitadelle B) und vier Millibar (Zitadelle A) erreicht, werden auch die Lufteintritte gasdicht verschlossen. Ab jetzt generiert sich der Überdruck ausschließlich über eine mechanisch arbeitende Regeleinheit aus einem Druckluftspeicher. Auf diese Weise ist die Schutzluftversorgung selbst bei einem Ausfall des Bordnetzes gesichert.

Die Besatzung ist nun innerhalb der Zitadelle geschützt und kann ohne zusätzliche Schutzmaßnahmen ihrer Aufgabe nachgehen. Gleichzeitig kommen hier auch die technischen Einrichtungen

Luftdruckmesser in Aktion; Warnleuchte auf allen Etagen; Kontrollmonitor für den Zitadellenbetrieb; alle Lüftungsklappen müssen geschlossen werden

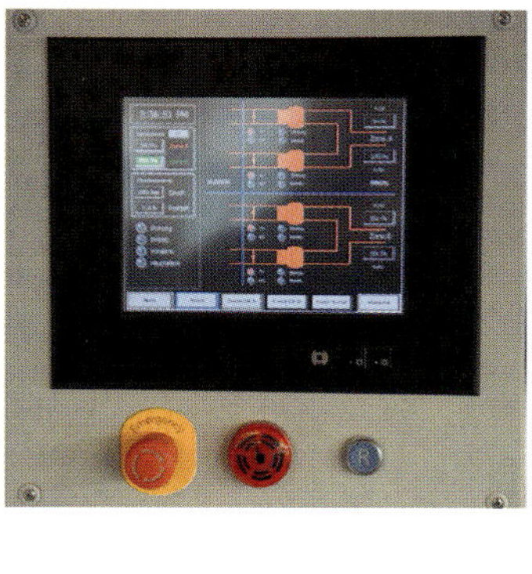

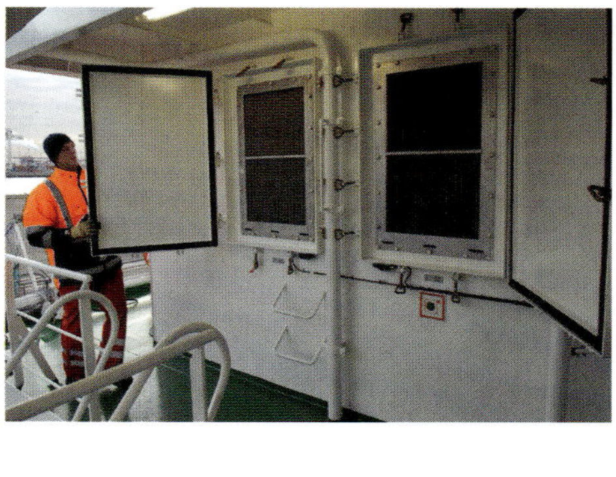

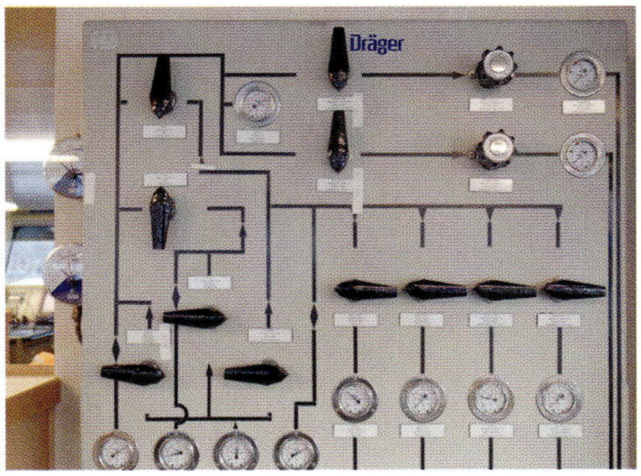

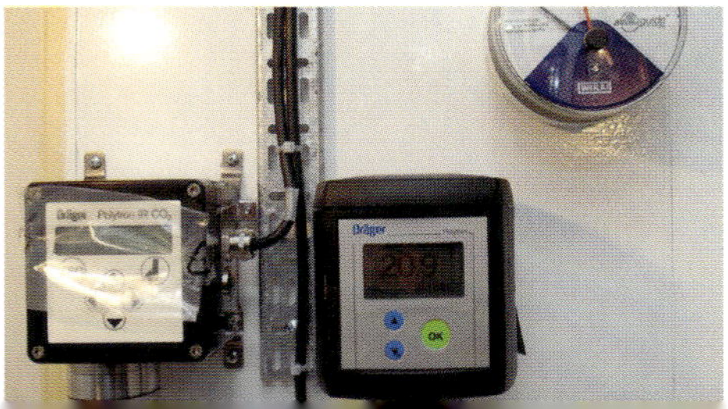

Mechanische Überdruckventile; Gasmessanzeigen; Schalttafel für Zitadellenbetrieb; Lehrgang mobiles Gasmessverfahren; Luftdruck- und Bestandteilanzeigen; externe Duschen für die Dekontamination

nicht mit zündfähigen Gasen in Kontakt. Ein aufwendiger, teils ohnehin nur schwer realisierbarer Explosionsschutz ist in diesem Bereich also überflüssig.

Um den Innendruck sicherzustellen und Druckschwankungen auszugleichen, die zum Beispiel durch Schattenwirkung auf den Aufbau, Wärmeentwicklung durch laufende Aggregate oder durchlässige Tür-, Fenster- und Lüftungsklappendichtungen entstehen, leitet die Regeleinheit ständig eine vorgegebene Mindestmenge Atemluft in die Zitadelle. Zudem wird die Raumtemperatur aller untereinander verbundenen Innenräume über eine Umluftkühlung geregelt. Dadurch entsteht ein relativ großes Luftvolumen, das Temperatur- und Druckschwankungen entgegenwirkt. Nach außen führende mechanische Überdruckventile sorgen für die Abführung eines zu hohen Luftdrucks.

Für Außeneinsätze kann die Zitadelle durch zwei Schleusen verlassen werden. Rückhaltesysteme an den Eingängen der Schleusen und dem Windenhaus, sogenannte Luftschleier, vermindern dabei das Eindringen von Schadstoffen in die Schleuse. Nach erfolgter Gasmessung innerhalb der Schleusen ist unter Nutzung zusätzlicher Atemluftspeicher eine Spülung mit einem 30-fachen Luftwech-

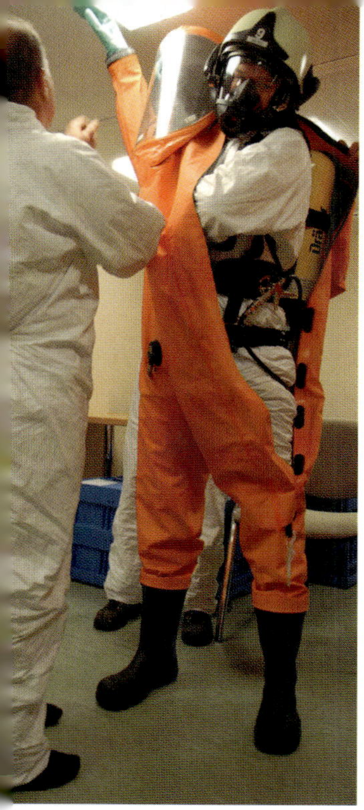

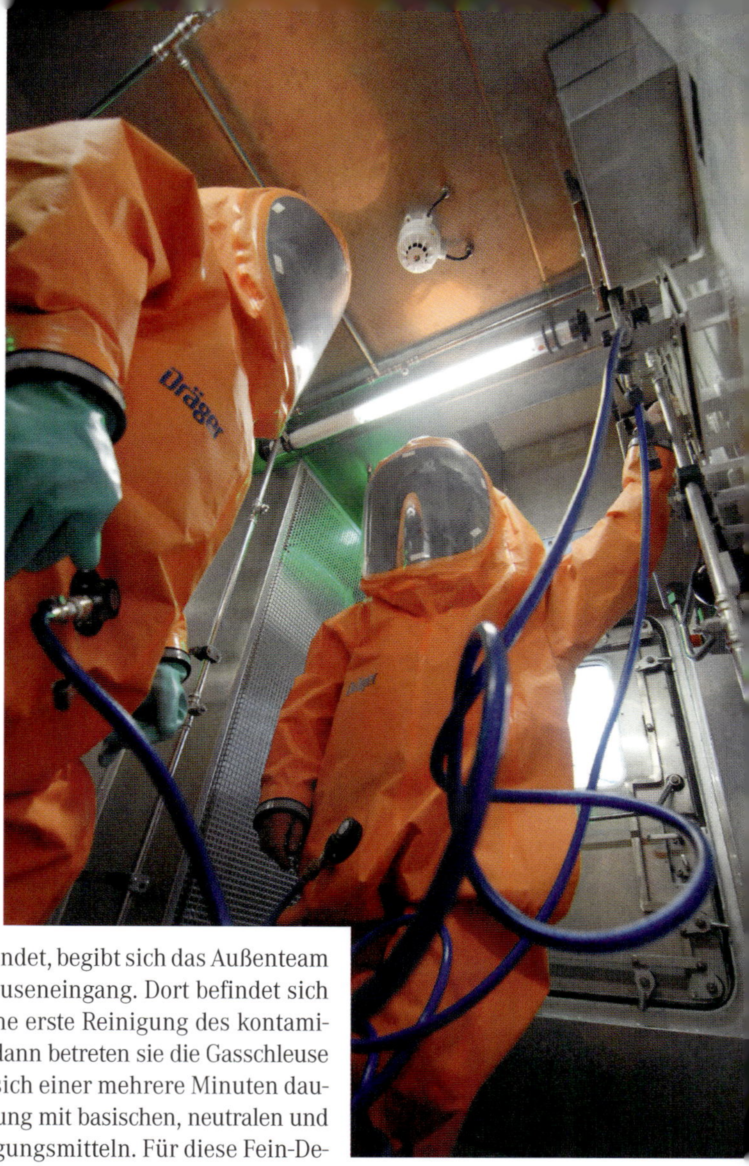

Schleusenbetrieb mit Gasschutzanzug

sel möglich. Insgesamt verfügt das Schiff über neun Schutzluft-Vorratsmodule mit je zwölf unter 300 bar stehenden 50-Liter-Luftflaschen. Sie reichen aus, um Zitadelle und Gasschleusen mindestens acht Stunden (ohne Schleusenbetrieb bis zu 18 Stunden) lang mit Atemluft zu versorgen. Während des Gasschutzbetriebes (GSB) zeigt eine Uhr auf der Brücke die noch verbleibende Verweildauer für den Zitadellenbetrieb an.

Zum Herstellen einer Notschleppverbindung im GSB begeben sich sechs Besatzungsmitglieder aus der Zitadelle in einen unter Überdruck stehenden Umkleideraum, der direkt in die Hauptschleuse mündet. Der dreiköpfige Einsatztrupp und der zweiköpfige Rettungstrupp legen dort, unterstützt durch einen Helfer, ihre neuen Chemikalienschutzanzüge (CSA) vom Typ Dräger CPS 7900 an. Sie bieten umfangreichen Schutz vor chemischen Einwirkungen und Stichflammen. Außerdem tragen die Männer einen vor extremen Temperaturen schützenden Vollschalenhelm HPS 6200. Ein Knochenschallmikrofon sorgt dafür, dass sie sich auch bei starkem Wind oder Lärm verständigen können. Kühlwesten reduzieren zudem die Wärmebelastung im CSA und verringern die erhöhte Körpertemperatur eines Anzugträgers um drei bis vier Grad.

Nun beginnt das Warten auf den Einsatzbefehl. Wenn's los geht, schleust der Einsatztrupp vom Umkleideraum über die Hauptschleuse in den Windenraum aus und gelangt von dort aufs offene Deck.

Ist der Einsatz beendet, begibt sich das Außenteam wieder zum Schleuseneingang. Dort befindet sich die Dusche für eine erste Reinigung des kontaminierten CSA. Erst dann betreten sie die Gasschleuse und unterziehen sich einer mehrere Minuten dauernden Feinreinigung mit basischen, neutralen und alkalischen Reinigungsmitteln. Für diese Fein-Dekontamination sind an der Decke und den Seiten mehrere Hochdruckdüsen angebracht. Sie entfernen nicht nur Kontaminationen vom Schutzanzug, sondern waschen mit ihrem Sprühnebel auch die gasförmigen Schadstoffe aus der Schleusenluft aus. Im Anschluss an den Waschprozess wird die Gasschleuse mit Schutzluft gespült, um zusätzlich Schadstoffe auszutragen. Erst danach wird die Tür zum Umkleideraum wieder geöffnet.

Besteht der Verdacht, dass die Dekontamination mit den verwendeten Reinigungsmitteln nicht ausreicht, verbleibt das Einsatzpersonal mit weiter angelegten Schutzanzügen in Quarantäne. Das heißt, sie müssen entweder im Umkleideraum oder gegebenenfalls dem der zweiten Schleuse (A-Deck) angegliederten Behandlungsraum so lange warten, bis sie sich im nächstgelegenen Hafen einer weitergehenden Dekontaminierung unterziehen können. Ihre Atemluftversorgung ist währenddessen über eine Schlauchverbindung an ein Bordluftnetz abgesichert. Dieses Netz mit seinen paarweisen Anschlussmöglichkeiten zieht sich über weite Teile des Schiffes, um eine lange Verweildauer im CSA zu ermöglichen.

MOMENTE DER WAHRHEIT

Werfterprobung eines besonderen Unikats

Es ist so weit. Der neue Nordsee-Notschlepper liegt betriebsbereit an der Ausrüstungspier der Wolgaster Peene-Werft und wartet auf seine Mannschaft, die mit ihm zum ersten Mal in See stechen wird. Alle Antriebs-, Steuerungs-, Kontroll- und Versorgungs-Systeme scheinen zu funktionieren. Jedenfalls haben sie in den letzten Wochen alle Tests an der Pier bestanden. Jetzt, auf der Werftprobefahrt, soll sich zeigen, ob sie sich auch unter Seebedingungen und vor allem im nötigen Zusammenspiel mit allen anderen Systemen bewähren.

Wie die meisten Schiffe ist die NORDIC ein Unikat. – Vielleicht sogar ein Prototyp für Nachfolger in Europa oder der ganzen Welt. Sie ist in jedem Fall ein sehr komplexes Bauwerk, das aus vielen tausend Einzelkomponenten besteht, die bisher nur in der Planung oder bestenfalls bei Einzeltests wunschgemäß zusammengewirkt haben. Anders als im Autobau mit seinen großen Fertigungsserien, wo das technische Zusammenspiel aller Komponenten in langen Zerstörungstests ausprobiert werden kann, gilt es hier, möglichst präzise vorauszudenken, alle berechnete Sicherheit und auch Hoffnung zu wahren, um sie dann auf der Probefahrt bestätigt zu bekommen.

Am Mittwoch, dem 29. September 2010, geht es dann endlich los. Morgens um sechs machen die

Oben: Vorbereitung zum Ablegen im Morgengrauen; die Brücke ist besetzt

Unten: Der Neubau verlässt die Pier; Hissen der Werftflagge; endgültiges Verlassen von Wolgast

20 Männer der von der Werft gestellten Besatzung das Schiff seeklar. Gut eine Stunde später soll der Neubau unter Kommando von Werftkapitän Bauer erstmalig mit eigenem Antrieb ablegen und sich auf den Weg zur Wolgaster Klappbrücke machen. Sie wird sich pünktlich um 07.45 Uhr heben und den Weg in die Ostsee frei geben. Bis dahin treffen noch die weiteren rund 40 Teilnehmer der ersten Probefahrt an Bord ein.

Allein acht Bugsier-Mitarbeiter fahren als Bauaufsicht mit. Des Weiteren zwei GL-Prüfer und ein Vertreter des Bundesamtes für Seeschifffahrt und Hydrographie (BSH). Da die Motoren ein ganz wesentlicher Bestandteil des Schiffes sind, ist MTU gleich mit sieben Spezialisten dabei. Auch Zulieferer wie Berg Propulsion, Furuno, Interschalt und andere haben ihre Fachleute geschickt.

Nach und nach treffen sie auf dem noch an der Werftpier liegenden Neubau ein. Der Lotse ist schon eine Weile an Bord und hat sich mit der Technik auf der Brücke vertraut gemacht. Ein Feuerschutzplan und eine Liste mit den Namen und Herkunftsfirmen der Fahrgäste hängen aus. Desgleichen Sicherheitsinfos zu Feuerbekämpfung, »Mann über Bord« und »Verlassen des Schiffes«.

Die Spannung steigt. »Klar vorne und achtern!« »Aufkürzen bis auf eine Vor- und Achterleine und Spring.« Hauptmaschinen und Querstrahler werden von der Brücke aus gestartet. »Alles los.« Die Fahrt beginnt!

Langsam löst sich das Schiff von der Pier und gleitet ruhig aus dem Werfthafen hinaus, bis auf die Warteposition vor der Wolgaster Brücke. Backbord zieht das Gelände der Peene-Werft vorbei. Noch ein Blick auf den kleinen Ort, der eine von zwei Zufahrten auf die Insel Usedom bildet. Die Brücke öffnet sich. Fast schwebt die NORDIC durch die Öffnung, begrüßt und verabschiedet von vielen

Zuschauern, die so nah an der Durchfahrt zu stehen scheinen, als könnten sie das Schiff berühren.

Nun sind alle Mitreisenden gefragt: Sicherheitsbelehrung! Der Erste Offizier informiert am Sammelplatz über die Bordalarme und das jeweils richtige Verhalten. Dann demonstriert er mit geübten Handgriffen das Anlegen einer Schwimmweste. Währenddessen steuert der Notschlepper in einer rund halbstündigen Fahrt die Reede vor Peenemünde an. Bootsmanöver stehen jetzt auf dem Plan.

Zunächst wird das kleine Arbeitsboot, das auch als Rettungsboot dient, unter den kritischen Augen von Bauaufsicht und werfteigener Qualitätskontrolle mit dem Davit ausgesetzt und zur Probe gefahren. Nach einer kleinen Runde über die Reede folgt die Anfahrt an das Mutterschiff. Hier wird es wieder eingehakt und an Deck gehievt.

Gleiches Spiel, nur alles etwas größer und damit aufwendiger: Jetzt ist das über sieben Meter lange Hochgeschwindigkeits-Arbeitsboot dran. Es muss mit dem HMB lintec marine-Deckskran, der mit einer pendelarmen Lastaufhängung ausgerüstet ist, über Bord gehoben werden. Und auch hier wieder: Rundfahrt, Anfahrt, Einhängen, Hieven, Absetzen, Festmachen – alles klappt. Die Fahrt des großen Prüflings kann nun weitergehen.

Auf der Brücke ist es inzwischen deutlich ruhiger geworden. Es ist Frühstückszeit. Die Kombüse stellt Kaffee und belegte Brötchen bereit. Unterdessen kalibriert der Kompensierer den Magnetkompass, indem er während der unterschiedlichen Kurse auf der Ostsee vor Rügen Vergleichsmessungen anstellt und eine fortan anzuwendende Deviationstabelle anfertigt. Das ist nötig, weil der Schiffskörper die Kompassnadel auf verschiedenen Kursen unterschiedlich beeinflusst und diese Abweichungen bei der Kursbestimmung mit eingerechnet werden müssen.

Oben: Alarme über Alarme; Werftkapitän und Steuermann wachen derweil über die Fahrt; pendelarme Lastaufhängung des Bordkrans; Probefahrt mit dem Arbeitsboot

Unten: Sicherheitseinweisung an Deck; Aussetzen und Einholen des Rettungsbootes

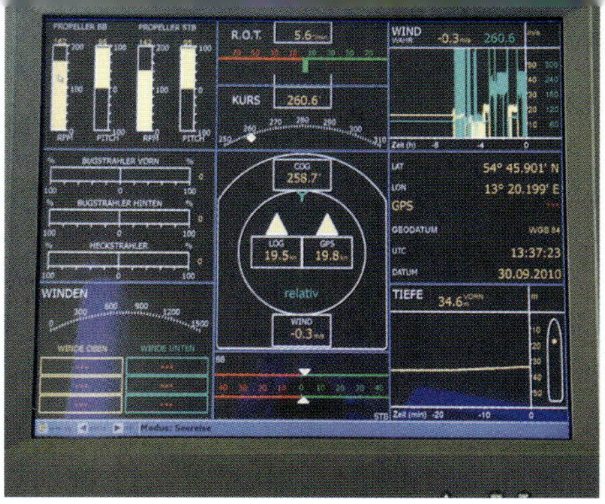

Alles klar mit den Motoren? Die »Einstellfahrt Antriebsanlage« findet nördlich von Rügen statt. In den nächsten Stunden sollen die Antriebsmaschinen für die Erstellung der Manövrierunterlagen möglichst heftig gefahren werden. Z-Manöver, Drehkreise, Williamsen Turn, Stoppstrecken und -zeiten mit Schubumkehr und Maschine Stopp, Rückwärtsfahrt. Die Maschinen stehen unter strengster Beobachtung, immer wieder werden ihre Zünddrücke gemessen und gründlich überprüft. Parallel werden über die gesamte Probefahrtszeit hinweg auch die nautischen Anlagen, die Funkanlage und die VDR-Anlage getestet. Die Brücke ist währenddessen immer mit mindestens zwei Nautikern besetzt: einer navigiert und einer »fährt« das Schiff. Zudem gehören zwei Werftmatrosen zu jeder Wache. Sie stehen über Sprechfunk mit der Brücke in Verbindung.

Der erste Probefahrtstag ist zu Ende. Die NORDIC fährt am frühen Abend nach Sassnitz, um dort am kommenden Morgen einige neue Techniker aufzunehmen.

Donnerstag, 30. September 2010, 07.30 Uhr. Die neuen Mitfahrer sind da, und die Testfahrt kann nun weitergehen. Heute stehen weitere Belastungstests für die Maschinen sowie Ankermanöver auf dem Programm. Letztere laufen (fast) zur vollen Zufriedenheit aller Beteiligten. Nachdem beide Anker fallengelassen, wieder eingehievt und die Hievgeschwindigkeiten pro Kettenlänge gemessen sind, gibt es für die Anwesenden traditionell den Grund, ebenfalls »einen darauf zu heben« – mit Schwung.

Nebenher laufen viele weitere Tests: Geräusch und Vibrationsmessungen in sämtlichen Räumen. General-, Feuer- und CO_2-Alarm, mit Prüfung, ob diese wirklich überall gehört werden. Reagieren die Rauchmeldeanlagen, arbeitet der Frischwassererzeuger zufriedenstellend, funktioniert die Selbststeueranlage, das AIS, die Funkanlage, das Echolot, die Radare, Notruder- und Propellernotbedienung, Anfahrluft ... und so weiter.

Dann gilt es, dem GL zu zeigen, dass der neue Nordsee-Notschlepper mindestens die geforderten

Suchscheinwerfer; Modellstehen für den Laserentfernungsmesser; die nötige Höchstgeschwindigkeit ist erreicht; Kontrolle wie der Anker fällt; der Anker fällt; Heckwasser bei schneller Rückwärtsfahrt

Pfahlzugtest im Flekkefjord

19,5 Knoten bei sechs Meter Tiefgang fahren kann – und am späten Mittag ist klar: er kann! Er schafft sogar 19,8 Knoten. Gratulation. Nicht zufriedenstellend zeigen sich die harten Ruderlagen bei voller Fahrt. Sie bilden für Kapitän Bauer letztlich den Grund, weitere Tests dieser Art für den heutigen Tag abzusagen. Wir fahren zurück nach Sassnitz, um die heute zugestiegenen Techniker zurückzubringen.

Die Telefon-»Leitungen« zwischen Schiff, Werft, GL und Auftraggeber laufen heiß. Man diskutiert über mögliche Ursachen des Problems, macht Vorschläge zur Behebung. Die Fachleute kommen überein, am nächsten Tag noch einmal rauszufahren, um einzelne Manöver zu wiederholen. Zum Beispiel sollen die Bug- und der Heckstrahler mit voller Kraft und nach beiden Seiten gefahren werden und so volle Drehkreise im zeitlich vorgeschriebenen Rahmen ziehen. Zudem soll noch die Laser-Entfernungsmessung getestet werden. Danach ist erst einmal Schluss! Die weitere Erprobung ist auf unbestimmte Zeit verschoben.

Nur eine knappe Woche später geht es dann doch wieder weiter. Der Probefahrt zweiter Teil beginnt am späteren Nachmittag des 6. Oktober. Es geht von der Volkswerft in Stralsund direkten Weges nach Norwegen in den Flekkefjord. Der Pfahlzugtest ist angesagt und nebenbei noch die Erledigung nahezu aller bisher nicht erfolgreich abgeschlossenen Tests. Die Mitfahrer dürfen dabei eine kleine Kreuzfahrt genießen. Es herrscht frühlingshaftes Wetter, wie es um diese Jahreszeit

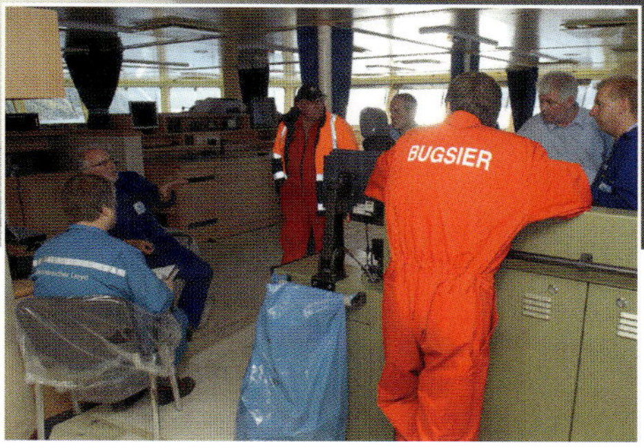

besser nicht sein kann. Bis hinauf zum Ziel am Südwestende Skandinaviens.

So wie das Wetter, so auch die Mienen der Beobachter und erst recht die Ergebnisse vom frühen Nachmittag des 8. Oktober 2010. Die NORDIC schafft nicht nur die geforderten 200 Tonnen Pfahlzug bei sechs Metern Tiefgang – sie legt noch eine kleine Kohle drauf und landet bei 201 Tonnen.

Am nächsten Vormittag startet der FiFi-Test. Beide Monitore werden voll ausgefahren und auf ihre Wurfweite geprüft, die mit rund 120 Metern Weite und gut 40 Meter Höhe als recht ordentlich bezeichnet wird. Zudem fährt das Schiff neben den Monitoren auch noch den Eigenschutz hoch. Dabei hüllt sich das ganze Schiff nebst eigener Anlagen in einen kühlenden und vor Kontamination schützenden Wasserschleier.

Gegen Abend geht der Schlepper im Fjord vor Anker. Anschließend inszeniert die Crew während des Checks der Hauptmotoren einen »Blackout«. Dabei wird getestet, ob die Notbeleuchtung funktioniert und die wichtigen Verbraucher auf die Notversorgung genommen werden. Zudem noch das Anspringen des Not- und des »Reede«-Diesels als Notversorger. Am nächsten Morgen erwartet uns die Rückreise von einer erfolgreichen Probefahrt.

Abschließend muss dann nur noch der Gas- und Explosionsschutz-Betrieb mit seiner gasdichten Zitadelle und der außenluftunabhängigen Atemluftversorgung nachgewiesen werden. Aber auch das ist mittlerweile erfolgreiche Vergangenheit.

Test der Löschmonitore mit Selbstschutz; gespanntes Abwarten der Pfahlzugergebnisse; Wiederaufspulen des Schleppdrahtes; Monitortest mit Selbstschutz

TAMM

DIE DREI VON DER REEDEREI

Bauaufsicht durch den Auftraggeber

Zur Wahrung ihrer Interessen können Auftraggeber für Schiffsneubauten eigene Sachverständige bestellen, die den Bau des Schiffes bis hin zur Übergabe im Sinne des Reeders kritisch begleiten. Dieses Recht behalten sie sich in der Regel bei der Auftragserteilung an die Werft vor.

So ist die Reederei einerseits befugt, den Bau des Schiffes in allen Teilen zu überwachen und die ihr notwendig erscheinenden Änderungen zu verlangen – sofern der Werft keine Mehrkosten entstehen und sich die Lieferzeit dadurch nicht verlängert. Andererseits darf die Bauaufsicht die Herstellung von Arbeitszeichnungen begutachten und muss ihre Zustimmung geben, bevor die fertigen Zeichnungen in die Fertigung gehen. Zudem genießt sie freien Zugang zu allen Werkstätten, um dort die Ausführung der Arbeiten prüfen zu können.

Mit der Aufsicht über den Neubau des neuen Notschleppers für die Nordsee sind Jürgen Hinrichs als Hauptverantwortlicher und Erik Tamm und Norbert Witing als täglich vor Ort anwesende Baubegleiter von der Bugsier-Reederei Hamburg betraut. Die drei haben bereits mehrere der letzten Schlepper-Neubauten ihres Arbeitgebers begleitet und dabei ein gutes Gespür dafür entwickelt, wohin sie ihr kritisches Augenmerk während der Bauzeit in Wolgast richten sollten. Sie beginnen ihren Dienst am 1. Dezember 2009. Die Peene-Werft stellt ihnen über die gesamte Dauer ihrer Tätigkeit zwei separate Büroräume mit der erforderlichen Ausstattung zur Verfügung.

Zu den Aufgaben einer Bauaufsicht im Schiffbau gehört es vor allem, das plan- und vorschriftsmäßige Vorankommen aller Bauschritte gemäß der zwischen Auftraggeber und Bauwerft getroffenen Vereinbarungen zu kontrollieren und der Reederei regelmäßig darüber Bericht zu erstatten. Dazu benötigen und besitzen die drei Diplom-Ingenieure natürlich detailreiche Kenntnisse über deren Inhalte. Neben dieser praktischen Überwachung sind sie auch in beratender Funktion tätig. Weiterhin kontrollieren sie auch die Spezifikationen von Einzelheiten und stellen Werftunterlagen für den späteren Bordbetrieb zusammen.

So ist ihre Anwesenheit direkt vor Ort immer wieder gefragt. Zum Beispiel ist mindestens einer der beiden, Witing oder

Die kleine Taschenlampe ist eines der wichtigsten Instrumente bei den Kontrollgängen; Keine Stelle am und im Schiff bleibt von der Bauaufsicht unbeachtet; Bald schwimmt das Schiff zum ersten Mal; Kontrolle des Motorenlaufs; Absprachen gehören zum Tagesgeschäft

Oben: Schriftliche Dokumentationen, kleine Pausen, Konflikt-Lösungsgespräche direkt vor Ort und immer wieder Kontrollgänge

Unten: Chief und Kapitän überprüfen das richtige Aufspulen des Drahtes; Brückenbesatzung während der Probefahrt

Tamm, bei den Druckproben der Tanks und – insbesondere im Hinblick auf den späteren Gasschutzbetrieb – der Decks dabei. Nachdem ein Werftmitarbeiter die Räume luftdicht verschlossen, unter erhöhten Luftdruck gesetzt und eine blasenbildungsfähige Flüssigkeit auf die Schweißnähte verspritzt hat, suchen sie auf der zugänglichen Seite Meter für Meter mit der Taschenlampe die Verbindungen der Stahlwände, -decken und -böden ab und kontrollieren, ob auf ihnen Blasen entstehen.

Sie müssen auch die Qualität aller Schweißnähte im und am Schiff checken. Und das in jedem Fall, noch bevor die ersten Farbarbeiten anstehen. Sportliche Beweglichkeit ist gefragt, wenn es darum geht, den Rumpf sowie alle Dichtungen und Übergänge nach der ersten Wasserung auf Wasserdichtigkeit zu überprüfen. Dabei sind die Hohlräume im Doppelboden mit größter Sorgfalt zu besichtigen.

Ist die rein schiffbauliche Phase beendet, warten gänzlich andere Prüfungen und Abnahmen auf die Jungs mit den orangefarbigen Jacken und dem großen Schriftzug ihres Arbeitgebers auf dem Rücken, zum Beispiel bei den Vorarbeiten für die Lackierung, wie Schleifen und Reinigen. Hier gilt es, die Qualität von Farben und Farbarbeiten im Blick zu behalten. Oder andernorts Fragen zur Farbgebung zu beantworten. Ihre technische Kompetenz wird aber auch bei Prüfungen und Abnahmen von festen Ausrüstungsgegenständen verlangt. Dazu gehören Ankergeschirr, Masten, Kran, Winden, Boote und deren Aussetzvorrichtungen, Wegerungen, Isolierungen, Maschinen, Hilfsma-

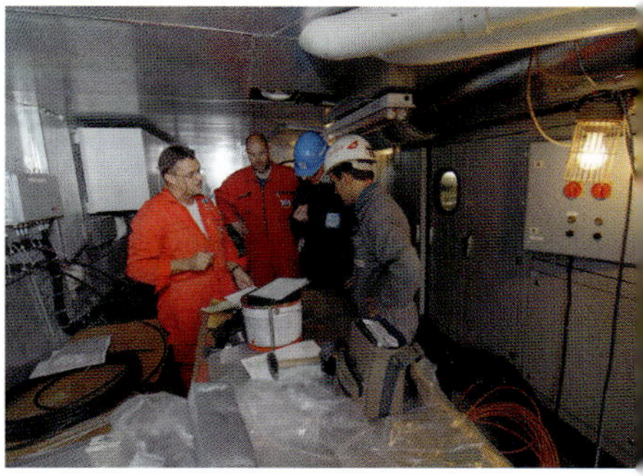

schinen, Pumpen, Instrumente, Steuereinrichtungen sowie deren Montage und Softwarekomponenten, ebenso sämtliche Inneneinrichtungen nebst Ausrüstung und Ausstattung wie Kabel- und Rohrbahnen, Isolierungen, Verkleidungen und Möbel.

Je nachdem, wie konkret die Bauvorgaben ausgearbeitet sind, gestaltet sich der Beratungsumfang einer Bauaufsicht. So manche Planung in den Konstruktionsplänen stößt bei der Umsetzung auf bauliche Unmöglichkeiten. Oder es zeigen sich für den späteren Bordbetrieb Probleme, die schon jetzt im Ansatz vermieden werden können. Als sehr hilfreich erweise sich in solchen Fällen der gute Kontakt zu den Fachkräften am Ort des Geschehens, so Norbert Witing. »Die Jungs wissen genau, was sie tun und was nötig oder nicht möglich ist«, zeigt er sich begeistert über die Fachkompetenz des Werftpersonals. »Sie führen die Anweisungen aus den Zeichnungen nicht nur einfach blind aus, sondern denken konstruktiv mit!«

Da gegen Ende der Bauzeit immer mehr Zulieferer ihren Part zum Gelingen beitragen müssen und somit zunehmend mehr Baupersonal eingesetzt wird und mehr Arbeiten gleichzeitig auszuführen sind, erhöht sich auch die Zahl der Bauaufsichtführenden. Die drei von der Reederei, die fast ein Jahr lang allein mit dieser Aufgabe befasst waren, erhalten nun Unterstützung durch weitere Kollegen – wie zum Beispiel den beiden späteren Kapitänen Hildebrandt und Pietsch, dem zukünftigen Leitenden Ingenieur Nüss und dem Reederei-Elektriker Schmidt.

Oben: Fotodokumentation, Kontrollgänge mit der Taschenlampe, Gespräche zwischen den Gewerken und persönliche Augenscheinnahme gehören zur Aufgabe

Unten: Erstes Ankermanöver auf hoher See

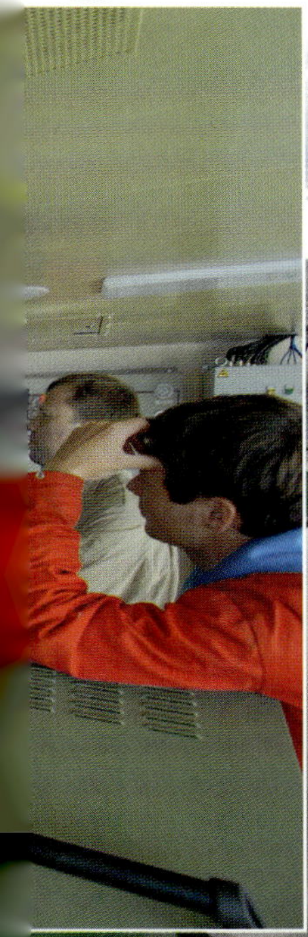

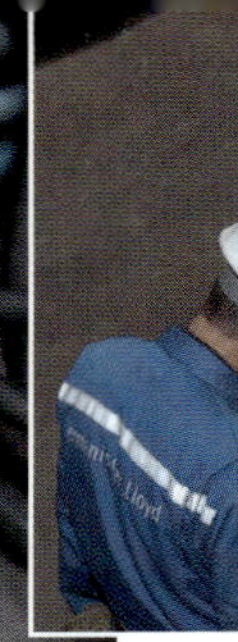

DIE MÄNNER IN HELLBLAU

Baukontrolle durch den Germanischen Lloyd

Auch wenn das Schiff weltweit zu den sichersten Transportmitteln gehört, kommt es auch heute noch zu größeren Schäden oder gar zu Totalverlusten. Gründe hierfür liegen häufig im sogenannten »menschlichen Versagen«. Aber ebenso können mangelhafte Festigkeit, Stabilität, Ausrüstung und Einrichtung des Schiffes Brände, Kollisionen und Grundberührungen oder gar Katastrophen herbeiführen. Abgesehen von Personenschäden entstehen dabei wegen des großen Eigenwerts der Schiffe und ihrer Ladungen oft enorme finanzielle Verluste. Die laufende Verbesserung der Sicherheit für Schiff, Besatzung, Passagiere und Ladung ist daher ein deutliches Anliegen aller international an der Schifffahrt beteiligten Firmen, Organisationen und Staaten.

Im 19. Jahrhundert sind die ersten nationalen Klassifikationsgesellschaften entstanden. Sie beurteilten die damaligen Schiffe auf ihre Seetüchtigkeit hin und gruppierten sie in entsprechende Klassen ein. Der Untergang des um das »Blaue Band« laufenden Passagierdampfers TITANIC im Jahre 1912 gab schließlich den letzten Anstoß zu einer Reihe von internationalen Sicherheitskonferenzen und Konventionen. Die Verhandlungs- und Entscheidungsunterlagen für diese internationalen Abkommen waren hauptsächlich von den schon bestehenden nationalen Klassifikationsgesellschaften vorbereitet und zur Verfügung gestellt worden.

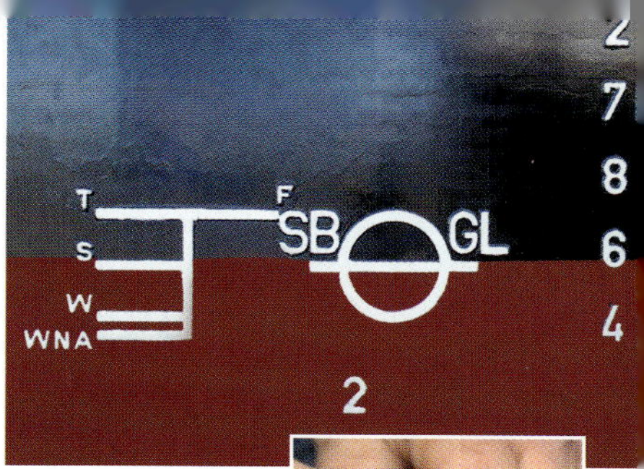

In England hat das 1760 gegründete Lloyd's Register of Shipping (heute Lloyd's Register of British and Foreign Shipping) bereits 1764 die erste gedruckte Klassenzeichen-Liste herausgegeben. Sie dokumentiert die Schiffe, die dort nach ihrer Seetüchtigkeit eingeteilt und beispielsweise durch bestimmte Symbole für Festigkeit, Bauart und Ausrüstung gekennzeichnet sind. Die Schiffsklassifikation heute kontrolliert in technischer Hinsicht den weitaus größten Teil der Welthandelsflotte und hat im Zusammenhang mit der Versicherung von Schiff und Ladung eine erhebliche kommerzielle Bedeutung gewonnen. Zu ihren Hauptaufgaben gehört unter anderem die Erarbeitung und Veröffentlichung von Klassifikations-, Bau- und Werkstoffvorschriften und die Registrierung der klassifizierten Schiffe im Schiffsregister.

Die Palette an Vorschriften erstreckt sich von Anforderungen an die Werkstoffe über die Dimensionierung und Ausführung von Bauteilen des Schiffskörpers, den Maschinen- und Elektroanlagen bis hin zu Bedingungen an Schweißung, Ausrüstung und Einrichtung, Stabilität und Brandschutz. Darüber hinaus bestehen Vorschriften, die sich auf die Betriebs- und Verkehrssicherheit der Schiffe beziehen.

Mit der Klasseerteilung an den Notschlepper Nordsee ist der 1867 in Rostock gegründete und seit Ende des Zweiten Weltkrieges in Hamburg beheimatete Germanische Lloyd (GL) beauftragt. Als erstes stand für die GL-Gutachter eine theoretische Überprüfung von Bauzeichnungen und Zeichnungen der Maschinenanlage auf dem Programm. Ist alles genehmigt, schreiten sie zur Werkstoffprüfung. Hier sind sie in den Produktionsstätten für Metalle, Maschinenbau, Elektrotechnik und diversen Einzelerzeugnissen zugegen, um Qualität und Einhaltung der Vorschriften für den Schiffbau zu überprüfen. Die Erfüllung der spezifischen Vorschriften wird mit dem GL-Stempel besiegelt.

Auch die umfangreiche Bauüberwachung ist Aufgabe der meist in Hellblau gekleideten GL-Prüfer. Sie alle sind erfahrene Schiffbau-, Maschinenbau- oder Schiffsingenieure. Übrigens werden sie auch als »Besichtiger« bezeichnet. Die genehmigten Bauzeichnungen und -vorschriften dienen ihnen als Richtschnur, anhand derer sie den entstehenden Schiffskörper nachmessen und die Ausführung der Werftarbeiten überwachen. Dem folgen noch Prüfungen auf Dichtigkeit und/oder Funktionstüchtigkeit der für den Schiffsbetrieb erforderlichen Einrichtungen, wie Krane, Ankeranlagen, Bootsaussetzvorrichtungen und natürlich auch der gesamten Maschinenanlage.

Einen vorläufigen Abschluss der Bauüberwachung bildet dann die Erprobung des Schiffes während der Probefahrt. Nach deren erfolgreichem Abschluss stellt der GL ein Klassenzertifikat aus und händigt es Bugsier als Schiffseigner aus. Das Schiffsklassen-Zertifikat stellt eines der wichtigsten Dokumente für ein Schiff dar und umfasst sowohl den Rumpf als auch die Maschinen. Es enthält neben den Identitätsmerkmalen des Schiffes das Klassenzeichen und den fünfjährigen Gültigkeitsvermerk. Klassenzertifikate sind an Bord mitzuführen.

Soll die dem Notschlepper erteilte Klasse gültig bleiben, muss er zur Bestätigung seines vorschriftsmäßigen Zustandes regelmäßig vom GL besichtigt werden. Für ein neues Zertifikat am Ende der fünfjährigen Gültigkeit geht die NORDIC zur gründlichen Untersuchung des Rumpfes und der Maschinen ins Dock.

Alle für den Schiffsbetrieb wichtigen Komponenten werden ausführlich unter Augenschein genommen; ... und immer wieder Zahlen und Messwerte abgleichen; Nach einer erfolgreichen Prüfung kommt das Zertifikat; GL-Siegel und Freibordmarke

»DAS IST EIN GUTER TAG FÜR DIE NORDSEE«

Taufe des neuen Nordsee-Notschleppers NORDIC

Mittwoch, 8. Dezember 2010, 11.30 Uhr, Hamburger Landungsbrücken. – Taufpatin Susanne Ramsauer, Ehefrau des amtierenden Bundesverkehrsministers Peter Ramsauer, nimmt von Kapitän Tobias Pietsch die an der Reling mit einem langen Band befestigte Taufflasche entgegen. Sie umfasst die Sektflasche mit der rechten Hand, geht damit zum Schiffsrumpf und nimmt Maß. Schließlich soll die Flasche möglichst gleich beim ersten Versuch am Rumpf zerspringen. Was – einzig von einer Frau ausgeführt – einem Schiff und seiner Besatzung viel Glück auf dem Lebensweg verspricht.

Nun tritt sie wieder einige Schritte zurück, hält die Flasche hoch am gespannten Seil und lässt mit leichtem Schubs los. Die Flasche saust von Schwung und Schwerkraft angetrieben los und – zerbirst. Mit lautem Knall fliegen die Glassplitter umher und hinterlassen einen schneeweißen Schaum auf dem schwarzen Schiffsrumpf. Das Schiffsglück kann nun kommen für den neuen Nordsee-Notschlepper NORDIC.

Was derartige Festakte anbelangt, bringt die 49-jährige Ministergattin bereits Erfahrung mit. Am 11. März taufte sie das in SWATH-Bauweise entstandene Lotsenstationsschiff ELBE an der Pier des Wasser- und Schifffahrtsamtes Cuxhaven mit einem ebenso erfolgreichen Flaschenwurf. Zudem übernahm sie die Patenschaft für einen ICE und auch noch für einen Bahntunnel.

Neben der Taufpatin Susanne Ramsauer übernahm Enak Ferlemann, ähnlich wie bei der ELBE, als Vertreter des Bundes die Rolle des zweiten Hauptakteurs. Der amtierende Parlamentarische Staatssekretär beim Bundesverkehrsministerium berichtete in seiner Ansprache aus eigener Erfahrung ausführlich und wortgewaltig über den langen Weg von der Pallas-Havarie im Oktober 1998, den Einsatz der Grobecker-Kommission, die Gründung des Havariekommandos und das schließlich mit allen Beteiligten abgestimmte Notfallkonzept für die Nord- und Ostsee. »Die NORDIC wird als unser leistungsfähigster deutscher Schlepper künftig für noch mehr Sicherheit in der Nordsee sorgen«, verkündete er vor rund 150 im Festzelt versammelten Taufgästen.

Mit einer Zugkraft von über 200 Tonnen könne die NORDIC in Notfällen auch die größten zurzeit in Fahrt befindlichen Containerschiffe auf den Haken nehmen und an einen sicheren Ort bringen, erklärte er weiter. Zudem könne der Schlepper auch bei havarierten Frachtern Hilfe leisten, bei denen giftige und/oder explosive Stoffe austreten, deren Art und Zusammensetzung unklar wären. »Das ist europaweit einzigartig.«

Dass die Briten ihre Notschlepper derzeit aus finanziellen Gründen einzögen, bezeichnete Ferlemann hingegen als äußerst riskant. Schließlich würde kein verantwortlicher Politiker auf die Idee kommen, die Feuerwehr nach Hause zu schicken, in der Hoffnung, es werde schon nicht brennen. Der Schutz des Meeres im Hinblick auf die Fischerei sowie des Wattenmeeres und Weltnaturerbes erfordere diesen hohen finanziellen Einsatz.

Als weiterer Festredner ergriff P&S-Werften-Geschäftsführer Torsten Moschell das Wort. Er zeigte sich erfreut über die professionelle Abwicklung des Bauauftrages. Mit diesem Auftrag hätten sich die in P&S Werften zusammengeschlossenen Peene-Werft Wolgast und die Volkswerft Stralsund einmal mehr als hoch qualifizierte Spezialschiffbauer profiliert.

Stellvertretend für die ARGE Küstenschutz, deren Mitglieder gemeinsam die Notschlepper-Betreibergesellschaft NORTUG Bereederungsgesellschaft GmbH & Co. KG tragen, begrüßte Jan-Wilhelm Schuchmann die Gäste. Der Chef der in Hamburg und Bremerhaven ansässigen Schlepp- und Bergungsreederei Bugsier lud nach der Schiffstaufe zu einer Hafenerkundungsfahrt an Bord der NORDIC elbabwärts entlang der Landungsbrücken bis nach Wedel und zurück ein.

Mit dem Neubau seien nach mehr als zwölf Jahren Diskussion die Forderungen der Küste nach einem verbesserten Schutz für die Nordsee erfüllt worden, erklärte Hans-Heinrich von Wecheln. Dem streitbaren Vorstandssprecher der aus rund 200

Küstenkommunen und Organisationen bestehenden Schutzgemeinschaft Deutsche Nordseeküste (SDN) waren Stolz und Erleichterung über diesen Erfolg deutlich anzumerken. Zusammen mit den beiden in der Nordsee ab Windstärke acht stationierten bundeseigenen Mehrzweckschiffen MELLUM und NEUWERK werde das Taufkind ab dem 1. Januar 2011 für ein verbessertes Sicherungssystem sorgen. »Das ist ein guter Tag für die Nordsee«, ergänzte ihn der SDN-Vorsitzende, Nordfrieslands Landrat Dieter Harrsen. Man habe nun den richtigen Weg beschritten. Die Containerschiffe würden immer größer und deren Frachten bestünden teilweise auch aus gefährlicher Ladung. Hinzu kämen noch der zunehmende Schiffsverkehr zwischen Nord- und Ostsee und zukünftige Offshore-Aktivitäten.

Zum Schluss der Festveranstaltung hatten alle interessierten Bürger Gelegenheit, die NORDIC persönlich kennenzulernen. Ein Rundweg, von der NORDIC-Besatzung mit rotweißen Flatterbändern markiert, führte einige hundert Menschen über ein Schiff, das in wenigen Wochen ihre Nordseeküste vor havariebedingten Verschmutzungen beschützen wird.

Linke Seite: Susanne Ramsauer nimmt Maß für ihren Wurf; Viele Geschenke für Kapitän Tobias Pietsch und seine Mannschaft; Großer Besucherandrang auf das Schiff; Der Schaum besiegelt den Namen

Diese Seite: Treffen der Modellbauer; Taufpatin Susanne Ramsauer auf der Brücke und mit Bugsier-Chef Schuchmann auf dem Arbeitsdeck; Viele interessierte Besucher stürmen geradezu die Brücke; Die NORDIC während ihres Feiertages an den Landungsbrücken

Die OCEANIC hat ihre Pflicht getan und blickt einer ungewissen Zukunft entgegen

NORDIC
Technische Daten:

Länge: 78 m **Breite:** 16,40 m **Tiefgang:** 6,00 m, max. 6,60 m **BRT:** 3.300 t **Pfahlzug:** 201 t bei 6 m Tiefgang **Geschwindigkeit:** 19,8 kn bei 6 m Tiefgang **Baujahr:** 2010
Besatzung: 12 + 4 Boarding Team **Bauwerft:** Peene-Werft, Wolgast, Deutschland
Klasse: GL + 100 A5 TUG IW + MC AUT FiFi 1 »Geeignet für den Einsatz in gefährlicher Atmosphäre«
Design: Skipskonsulent SK 7103
Typ: ETV Emergency Towing Vessel
Hauptmotoren: 2 x MTU 20 V 8000 M71L GSB
Hilfsmotoren: 2 x MTU 12 V 4000 M71 GSB Hilfsdiesel, 1 x MAN D2866 E20 Notdiesel, 1 x MTU 8 V 2000 M50A Reedediesel
Leistung: 2 x 8.600 kW (11.704 PS), 2 x 1.140 kW (1.551 PS), 1 x 115 kW (156 PS), 1 x 332 kW (452 PS)
Bunker: ca. 1.050 m³ Gasoil, ca. 125 m³ Frischwasser
Reichweite: 28 Tage **Antrieb:** 2 x Berg Verstellpropeller-Anlage, 2 x Bugstrahler 800 kW, 1 x Heckstrahler 800 kW, 2 x Becker Aktiv-Ruder
Schleppwinde: 2 x elektro-hydraulische Schleppwinden HATLAPA Typ 2955294 SWL 250 t, Bremshaltekraft 500 t, 2 x Beistopperwinde SWL 10 t, 150 m / 25 mm, 1 x Dreitrommel-Speicherwinde TYP 2945205 SWL 5 t
Schleppgeschirr: 2 x galvanisierter Stahldraht 1.200 m Länge / 80 mm Ø, Bruchlast kN, Towing pins á 300 t, Karm forks 300 t, Shark jaw 300 t, Schleppnägel Karmoy SWL 300 t, 2 x Capstan Spillköpfe SWL 10 t
Deckskran: HMB lintec marine, Hafenbedingung 16 m Auslage SWL 6,5 t, Offshore-Bedingung 16 m Auslage SWL 4,0 t, Signifikante Wellenhöhe 2 m, pendelarme Lastaufhängung, ausgerüstet nach GMDSS area 3
Löschmonitore: FiFi 1, 2 x Teleskopmasten á 1.200 m³/h, Wurfweite 120 m, Wurfhöhe 40 m, 2 x Feuerlöschpumpen á 1.500 m³/h, Berieselungsanlage über das ganze Schiff
Löschmittel: 5 m³ Mehrzwecklöschschaum
Rettungsausrüstung: Hochgeschwindigkeits-Arbeitsboot, Hatecke 7,2 m, 120 kW (163 PS), 1 Rettungsboot, 4 x Suchscheinwerfer
Brückenausstattung: Ausgerüstet gemäß GMDSS area 3, Gyro, 2 x Radar, 2 x Echolot, VHF, ECDIS, 2 x Satellit DGPS Sender/Empfänger für alle Frequenzen auf R/T, SSB, 2 x Inmarsat F, Inmarsat C, Wetterfax, Navtex, VDR, VHF D/F, Flugfunkkommunikation
Sonstiges: Laser-Entfernungsmesser, Schlingerdämpfungstanks, großer Bestand an Diesel- und elektrischen Tauchpumpen, Unterkünfte (32 Pers.), Hospital und Maschinenraum mit Klimaanlage

Die offizielle Übergabe an den Charterer findet unter großem Presseaufkommen mit einigen Gästen auf der Brücke der NORDIC statt.

JETZT IST ES OFFIZIELL

Zehn Jahre Charter als Notschlepper beginnen

Pünktlich am 1. Januar 2011, um 0.00 Uhr, hat die NORDIC von ihrer betagten, aber bestens gepflegten Vorgängerin OCEANIC die Wacht gegen eskalierende Folgen aus Schiffshavarien übernommen. Seitdem liegt sie nahe der Tonne TG 17 nördlich Norderney rund um die Uhr in Bereitschaft. Von hier aus ist sie im Ernstfall bei jedem Wetter und spätestens innerhalb von zwei Stunden am Einsatzort. Lediglich alle 28 Tage kommt sie für einige Stunden nach Cuxhaven, um die Mannschaft zu wechseln, zu bunkern, den Müll abzugeben und Versorgungsgüter aufzunehmen.

Der öffentliche Charterbeginn ist allerdings erst am 19. Januar 2011. An diesem Mittwoch kommt die NORDIC regulär nach Cuxhaven. Die Übergabe-Feierlichkeiten finden auf der Schlepperbrücke während des normalen Betriebsablaufes statt. – Ein Pragmatismus, der dem Parlamentarischen Staatssekretär beim Bundesverkehrsminister, Enak Ferlemann, wert ist in seiner Rede erwähnt zu werden. Wie schon zur Taufe der NORDIC bekräftigt er die Bedeutung des Bundes für die Sicherheit an der deutschen Küste und auf den Seeschifffahrtsstraßen. Dazu gehöre jetzt auch die Leistungsfähigkeit des Notschleppers samt seiner jungen, motivierten Besatzung nebst Bordingteam. »Außerdem verfügt die NORDIC über ein Gasschutzsystem«, erklärt er weiter. »Dadurch sorgt das Schiff für noch mehr Sicherheit in der Nordsee.«

»Erst vor wenigen Monaten hat der Fall der brennenden Ostseefähre gezeigt, wie wichtig eine ausreichende Schleppkapazität ist«, betont der Leiter des Havariekommandos, Hans-Werner Monsees, »wir werden in Kürze ein umfangreiches Trainingsprogramm beginnen.« Dabei werde auch das Zusammenspiel zwischen der NORDIC und den beiden staatlichen Mehrzweckschiffen MELLUM und NEUWERK geübt.

Die Cuxhavener Bevölkerung zeigt beim anschließenden »Open Ship« reges Interesse.

EIN NEULING IN SEINEM ELEMENT

Die NORDIC zeigt, was sie kann

NORDIC

NORDIC
HAMBURG
IMO 9525962

Die Leine richtig zu werfen muss gut geübt werden; Ein Stück Stilleben im Arbeitsalltag

AUSBILDUNG AN BORD

Der praktische Weg zum Seemann

Die intensive und fundierte Ausbildung eigener Leute ist eine wichtige Voraussetzung, um die Personalqualität nachhaltig auf hohem Niveau zu halten.

Dieser Erkenntnis ließ die Schleppreederei Bugsier (Hamburg/Bremerhaven) im September 2003 Taten folgen. Sie richtete zehn Ausbildungsplätze für den Beruf des Schiffsmechanikers ein. In den beiden Folgejahren kamen je zehn weitere Plätze hinzu, eine Investition, mit der die Reederei beste Erfahrungen machte. Ihre Probanden glänzten nicht nur mit überdurchschnittlich guten Prüfungsergebnissen, sondern zeigten sich auch in der späteren Teamarbeit überaus kompetent und motiviert. Das veranlasste Bugsier zu einem weiteren Schritt. Gemeinsam mit den Schleppreedereien Unterweser Reederei GmbH URAG/Bremen, Petersen & Albers/Hamburg, Fairplay Towage Richard Borchard GmbH/Hamburg und Emder Schlepp Betrieb/Leer schlossen sie im Jahr 2005 ein Bündnis, das die Ausbildung ihres Nachwuchses qualitativ noch hochwertiger gestalten sollte: Zwei Lehrstellen pro Reederei und Jahr sind fortan fest reserviert und können von den fünf Mitgliedern nach Bedarf in Anspruch genommen werden.

Kapitän Tobias Annecke steht den jungen Lehrlingen der »Ausbildungsgemeinschaft Schleppschifffahrt« als zentrale Bezugsperson zur Seite. Der eigens von Bugsier freigestellte Ausbildungsoffizier begleitet die zukünftigen Schiffsmechaniker im ersten Lehrjahr auch bei den Ausbildungsfahrten auf der noch bis Ende Dezember 2010 als Notschlepper für die Deutsche Bucht gecharterten BMS OCEANIC. Zudem koordiniert er an Bord die Vermittlung des Unterrichtstoffs.

Einer seiner neuen Schüler ist Hauke, gerade mal 18 Jahre alt.

»Können sich Urgroßvater, Großvater und Vater geirrt haben?« antwortet der selbstbewusste junge Mann auf die Frage, warum er sich für die Fort-

setzung der Seefahrertradition seiner Familie entschieden hat. Er absolviert nun eine Ausbildung zum »Facharbeiter im Gesamtschiffsbetrieb«, seit 1983 auch kurz als »Schiffsmechaniker« bezeichnet. Früher waren das die Matrosen oder die »Facharbeiter des Maschinendienstes«.

Bei einem Praktikum auf einem Tonnenleger und mit Unterstützung der Erzählungen seines Vaters stellte er fest, »dass der Beruf eines Seemanns sehr abwechslungsreich und vielseitig ist«. Außerdem, so seine Überzeugung, seien die Zukunftsaussichten eines Schiffsmechanikers zurzeit »gar nicht so schlecht«. Zumal ihm die Ausbildungsgemeinschaft gleich zu Beginn der Lehre eine Übernahmegarantie gegeben habe. – Allerdings erwarten die Schleppreeder von den jungen Seeleuten dafür auch überdurchschnittlich gut bestandene Prüfungen.

»Fünf Minuten vor der Zeit ist des Seemanns Pünktlichkeit«, wird den Neuankömmlingen gleich als Erstes im harten Seemannston klar gemacht. Hauke und seine neun Mitstreiter, alle zwischen 17 und 20 Jahre alt, finden sich auf ihrem Ausbildungsschiff ein, begleitet von Freundin und Familie. Auf See beginnt für sie ein neuer Lebensabschnitt, fern der gewohnten Alltagswelten. Nicht nur, dass die teils noch schüchtern wirkenden Auszubildenden »von jetzt auf gleich« ihr vertrautes Umfeld und den festen Boden unter den Füßen verlassen. Es erwartet sie ein zweimonatiger Lehraufenthalt auf dem Notschlepper Nordsee, das bedeutet: ununterbrochener Aufenthalt an Bord, Leistungsdruck in Arbeit und Freizeit. »Ihr werdet ständig unter Bewertung stehen«, konfrontiert sie der Ausbildungsoffizier kompromisslos mit den Fakten.

»Ich könnte mir gut vorstellen, nach der Ausbildung als Steuermann oder Kapitän auf einem Schlepper oder auf einem Spezialschiff zu fahren«, blickt Hauke in seine Zukunft. »Vielleicht packt mich ja auch das Fernweh, und ich fahre auf einem Containerschiff.« Aber jetzt warten erst einmal »Maschine« und »Deck« zu gleichen Teilen auf ihn. Und natürlich die Arbeit auf der Brücke. »Die lernen bei uns den kompletten Schiffsbetrieb kennen«, erklärt sein Ausbilder, »und das in

Die erste eigene Arbeitskleidung; Für zwei Monate Abschied nehmen; Von hier aus geht es anschließend aufs Schiff; Als Erstes an Bord: Sicherheitseinweisung

Entfernen eines Schäkelbolzens, Spleißen eines Hanfseiles, Rettungsübung mit Schwimmkegel; Richtungsweisung bei einer Rettungsübung; Er wartet auf seine Rettung

Deutsch und seemännischem Englisch!« – Was für die Jungs bedeutet, sie müssen fast das Doppelte an Lehrstoff »pauken« als zum Beispiel auf einem Containerschiff.

Abschreckend, so glaubt Kapitän Jan Ahuis, wirke das auf die jungen Männer nicht. Ganz im Gegenteil! Vielmehr stelle sich bei ihnen schnell das Gefühl ein, einer besonders qualifizierten Gruppe anzugehören. »Auch das haben wir uns zum Ziel gesetzt!«

Die fünf Schleppreeder legen großen Wert darauf, dass ihre Azubis ausschließlich als zusätzliches Personal auf dem Nordsee-Notschlepper fahren. Durch den Ausbildungsbereich hätten die angehenden Schiffsmechaniker die Chance, sich intensiv auf ihren Ausbildungsabschluss vorzubereiten und auch noch von den Erfahrungen der Besatzung zu profitieren.

»Unseren Auszubildenden stehen mit einem guten Zeugnis auch bei anderen Reedern alle Türen offen«, ist Kapitän Ahuis, Mitbegründer der Ausbildungsgemeinschaft und heute Vorsitzender des Prüfungsausschusses, fest überzeugt. Die teils vorzeitigen, erfolgreichen Abschlüsse »seiner« ersten neun Schützlinge und auch die Ergebnisse der Zwischenprüfungen und Abschlüsse der Folgejahrgänge bestätigen, dass sich das eigens entwickelte Konzept einer umfassenden Ausbildung bewährt. »Die meisten Jungs sind nach ihrer Lehre von den Reedereien der Ausbildungsgemeinschaft übernommen worden«, bestätigt er. Und mit einem Schmunzeln fügt er hinzu: »Jedenfalls die, die vor ihrer anschließenden Offizierslaufbahn erst noch ein bisschen Geld verdienen wollen.«

Einen Großteil der jetzigen Azubis, da ist sich Kapitän Ahuis sicher, wird er später mal als Kollegen wiedertreffen. »Die Erfahrung zeigt, dass unsere selbst ausgebildeten Schiffsmechaniker in der Regel jenem Zweig der Schifffahrt treu bleiben, in dem sie ihre Lehrzeit verbracht haben.« Auch hier mache sich das Engagement der Reeder bezahlt – während »Ausbildungsverweigerer« doch wohl eher das Nachsehen hätten.

Seeleute seien ja schon für sich genommen ein eigenwilliges Volk. Aber die Besatzungen der Bergungsschlepper stellten davon noch das Sahnehäubchen dar, erklärt Ingo Paul, Erster Offizier und Leiter des Boarding-Teams auf der OCEANIC. »Normalerweise«, fährt er fort, »umfahren sie nach Möglichkeit Schlechtwetterfronten. Wir aber fahren mitten hinein und finden noch Lösungen, wenn die Besatzung des Havaristen schon längst die Koffer gepackt hat, um das Schiff zu verlassen.«

Selbst im größten Chaos gelte es, einen klaren Kopf zu bewahren, sicher aufzutreten und wohlüberlegt zu handeln. Auch darum gehe es bei der

Feilen an Bord der OCEANIC, Feilen in der Berufsschule, theoretischer Unterricht in der Berufsschule; Gruppenarbeit an Deck

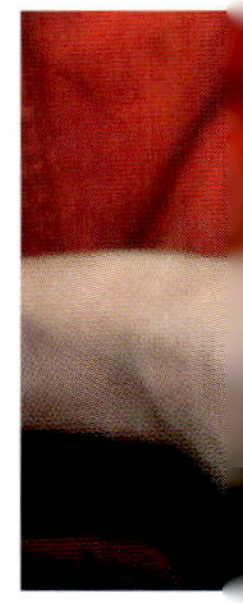

Prüfung in Nautik; Prüfung des Fachwissens in allen drei seemännischen Bereichen; Prüfung in Decksarbeiten

Qualifizierung ihrer Auszubildenden. »Im Ernstfall müssen sie den Leuten an Bord klare Anweisungen geben können, ungeachtet deren Alter, Position und Nationalität«, ergänzt Ahuis, der selber viele Jahre auf der OCEANIC gefahren ist. Das bedinge ein hohes Maß an Verantwortungsbewusstsein und mentaler Stärke. »Manchmal müssen sie an Bord des Havaristen auch den Offizieren sagen, wo es langgeht.«

Wer anderen sagen will, wo es langgeht, muss sich natürlich selbst bestens auskennen an Bord. Schiffsmechaniker sind geradezu prädestiniert dafür. Ein Argument mehr für Hauke, seine berufliche Laufbahn mit dieser Ausbildung zu beginnen. Die Berufsbildungsstelle Seeschifffahrt gibt ihm recht. Sie weist sogar darauf hin, dass »auf diesem Weg erworbene Grundfertigkeiten und -kenntnisse für Schiffsoffiziere sehr oft unverzichtbare Berufserfahrungen bei Entscheidungsprozessen auf See« sind. Im Wettbewerb um entsprechende Arbeitsplätze dürfe dieses Qualitätsmerkmal nicht unterschätzt werden, denn hier habe Mann oder Frau »... es eben von der Pike auf gelernt ...«!

Dem stimmt auch der Pressesprecher des Deutschen Reederverbandes, Dirk Max Johns, zu. »Der Beruf Schiffsmechaniker hat sich bewährt«, erklärt er stellvertretend für seinen Verband, »er ist ein wichtiges Fundament in der maritimen Ausbildung. Viele spätere Nautiker, Schiffsbetriebsoffiziere und Leiter der Maschinenanlagen erhalten zunächst in der Schiffsmechanikerausbildung eine solide fachliche Grundlage.«

So muss es auch nicht sonderlich verwundern, dass es gerade den ersten Azubi der Reedereige-

meinschaft gelang, ein Novum für die Seeschifffahrt zu setzen: Sie wählten sich bei Bugsier nach Maßgabe des Betriebsverfassungsgesetzes eine eigene Jugend- und Ausbildungsvertretung und zeigen damit Interesse und Tatkraft weit über den eigenen Horizont hinaus.

Für Hauke steht jetzt erst einmal eine grundlegende Einführung auf dem Notschlepper an. Dabei geht es sowohl um den Gebrauch von Rettungsmitteln, richtiges Verhalten an Bord, korrektes Wecken (inklusive Vermittlung aller wichtigen Informationen) als auch um banalste Haushaltstechniken. Selber die eigene Wäsche waschen und Ordnung halten stehe bei den meisten jungen Männern nicht gerade ganz oben auf der Favoritenliste, schmunzelt Ahuis, aber schließlich heiße der Notschlepper ja auch nicht »Pension Mama«.

Somit ihre erste praktische Aufgabe an Bord: den eigenen Seesack nähen! Selbst ist der Mann – auch in der Kombüse. Neben dem normalen Dienst muss Hauke mindestens einen Tag lang ganz allein drei Mahlzeiten für den sich freiwillig zur Verfügung stellenden Teil der Besatzung kochen. Guten Appetit! Doch das Ganze ergibt Sinn. Die Schulabgänger »sollen ihre Hemmungen verlieren und lernen, etwas für andere zu tun«, so der Ausbildungsoffizier, »ein telefonischer Hilferuf bei Muttern ist dabei durchaus erlaubt und wird auch, zur Erheiterung der Besatzung, rege praktiziert«.

»Wenn unsere Jungs dann im zweiten Ausbildungsjahr jeweils zu zweit auf die Hafenschlepper kommen und im dritten Jahr Seeschlepper, Kran und Pontons kennenlernen, sind ihnen alle grundlegenden Tätigkeiten aus der erlebten Praxis heraus bekannt«, konstatiert Jan Ahuis nicht ohne Stolz. Selbstverständlich erhalten sie auch intensive Einblicke in den gesamten schiffsbezogenen Hafenbereich rund um Container (Containerlaschen, Kühlcontainer und Containerbrücken) und Festmacherei. Das ist wichtig in Hinblick auf die Arbeit eines Boarding-Teams. Bei diesem Schulungsspektrum überrascht es kaum, dass die jungen Seeleute von den in der Ausbildungsgemeinschaft organisierten Reedereien meist »mit Kusshand« übernommen werden.

Mit der Ablösung der OCEANIC als Notschlepper für die Deutsche Bucht durch ihre Nachfolgerin NORDIC ändert sich auch die An-Bord-Situation der Azubis grundlegend. Die OCEANIC wurde vor über 40 Jahren als reines Arbeitsschiff konzipiert und gebaut, in einer Zeit, in der es durchaus üblich war, große Teile der Besatzung auf kleinstem Raum und unterhalb der Wasserlinie einzuquartieren. Auf dem technisch modernsten Notschlepper dagegen erwartet sie geradezu Komfort.

Gleich auf dem A-Deck, also deutlich über dem Wasser und von Tageslicht erhellt, befinden sich sechs (im Verhältnis zur OCEANIC) geräumige Doppelkammern sowie ein Mehrzweckraum für den theoretischen Unterricht. Zusätzlich gibt es auf dem Plattformdeck eine umfangreich ausgestattete Ausbildungswerkstatt. Hier kann der Unterricht erstmals unabhängig von der Besatzung stattfinden. Gleich im Januar 2011 erfolgt die Premiere.

Die Azubis bekommen nun eine eigene Werkstatt; Nicht alles an der Seefahrt ist romantisch

MODELLBAU 1:75

Die kleine Schwester bauen

In enger Zusammenarbeit mit Andreas Wulf

Die Frage, für welches Schiff sich ein Modellbauer entscheidet, hängt von vielen Faktoren ab. Design, Dimensionen, Farbgebung und Funktionen des Vorbilds können dabei ebenso eine Rolle spielen wie ganz persönliche Aspekte. In der Regel hat er das Originalschiff schon einmal gesehen oder zumindest Bilder und Informationen darüber in den Händen gehalten.

Für den leidenschaftlichen Modellschiffbauer Andreas Wulf gibt ein Besuch auf der Messe für Schiffbau & maritime Technologie SMM 2008 in Hamburg den Ausschlag. Hier trifft er auf Carsten Wibel von der Bugsier-Reederei Hamburg. Der »Notschlepper Nordsee«-Gesamtprojektleiter fragt den Modelltüftler, ob er nicht Interesse hätte, den Schlepper parallel zur Entstehung als Funktionsmodell anzufertigen. Der Neubau sei ausgeschrieben und die ersten Eckdaten würden doch wohl schon jetzt ein äußerst interessantes Modell versprechen. – Eine Herausforderung, bei der es Wulf sprichwörtlich in den Fingern juckt. Doch im Vorfeld gibt es noch einiges zu bedenken.

Das Besondere an der Aufgabe ist, dass er im Gegensatz zu seinen bisherigen Modellbauprojekten dieses Schiff in möglichst parallelen Bauschritten wie das Original erstellen soll. »Bestimmt ein großes Zeitproblem«, ist er sich gleich zu Beginn sicher. Was den Reiz, es zu versuchen, allerdings nicht schmälert. »Normalerweise« bestimmt er selbst, wie viel Raum und Zeit sein Hobby neben Beruf und Privatleben in Anspruch nehmen darf. Da braucht es für den Berufsfeuerwehrmann üblicherweise rund zwei bis drei Jahre, um ein vergleichbar hochwertiges Modell zu fertigen. Jetzt steht ihm noch nicht einmal ein Jahr zur Verfügung.

Schon beim Bau des Rumpfes kommen ihm weitere Bedenken, ob das Unternehmen so überhaupt durchführbar ist. »Ich hatte das Original naturgemäß ja noch gar nicht gesehen«, erinnert er sich, »da es das Schiff noch gar nicht gab.« Somit ist ihm das Studium der Werftpläne umso wichtiger, ergänzt durch einige Bilder von den Schleppversuchen des Rumpfes in der Hamburgischen Schiffbauversuchsanstalt (HSVA) und erste Fotos vom Werftgeschehen. Längst hat ihn das

Am Anfang stehen der Bleistift und die Stichsäge; Zum ersten Mal ist die Form des Schlepperrumpfes wirklich zu erahnen

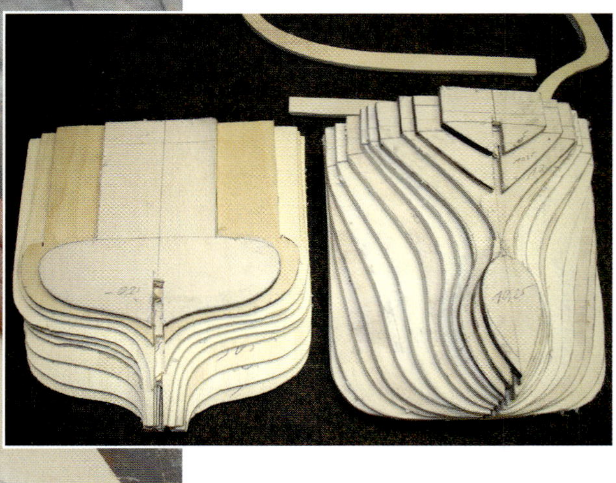

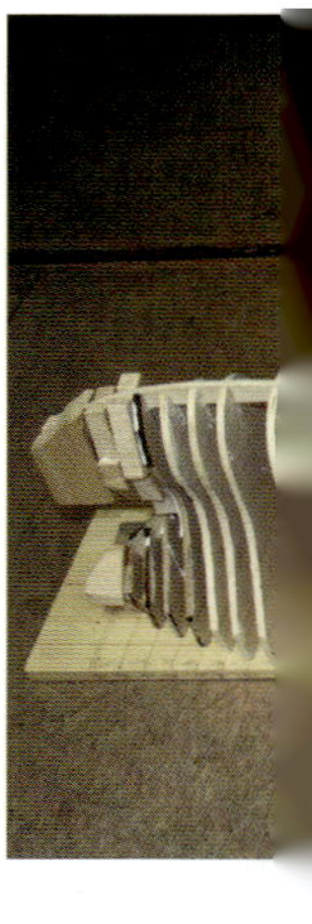

Schiffbaufieber gepackt. Es wird nicht einfach, das ist klar, was den Reiz, es trotzdem zu versuchen, nur noch steigen lässt.

»Eigentlich hatte ich ja nach dem Bau der MÆRSK WINNER aus Platzgründen gesagt: Nun ist erst einmal Schluss!«, schmunzelt er über seine eigene Inkonsequenz. »Aber so ein Angebot bekommt man schließlich nicht alle Tage. Ich sagte Ja und bekam die Zusage.« Projektleiter Wibel verspricht, ihm alle notwendigen Unterlagen, wie Spanten- und Linienrisse, zukommen zu lassen. Auch den Generalplan soll er nun umgehend erhalten. Außerdem die Genehmigung für den freien Zugang zum im Bau befindlichen Original.

Mitte Dezember 2009 treffen die ersten Pläne bei Andreas Wulf ein. Kurz darauf findet am 16. Dezember die erste Modellwerft-Besprechung statt. Mit dabei sind Projektleiter Carsten Wibel, die beiden Bauaufsicht führenden Bugsiermitarbeiter Erik Tamm und Norbert Witing und ich als begleitender Foto-Journalist. Ergebnis dieses Gesprächs: Andreas Wulf wird erstmals in seiner Modellbaukarriere ein Tagebuch über die gesamte Bauzeit führen und zudem die entscheidenden Bauphasen sorgfältig fotografieren. Das macht den Nachbau für spätere Hobbybastler leichter. Der eigentliche Modellbau kann nun beginnen.

Auch die Fotos von den ersten Schleppversuchen bei der HSVA halfen Wulf bei seiner Anfangsplanung; Vergleich Modell und Original

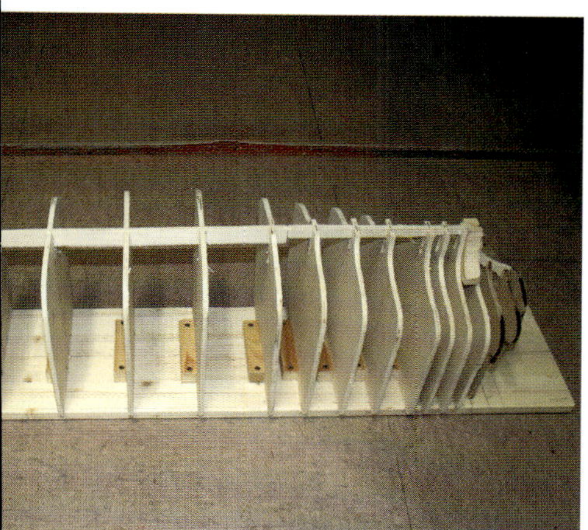

Vergleich Modell und Original; Der verhältnismäßig große Wulstbug erfordert eine besondere Vorgehensweise; Es braucht mehrere Schichten Polyesterharz, um alle Unebenheiten auszugleichen.

Zunächst sind die Maße der Spanten und der wesentlichsten Linien von den Original-Bauplänen in den Maßstab 1:75 umzurechnen. Es folgen Materialplanung, Einkauf und Übertragung der 25 wichtigsten Spanten sowie des Achter- wie Vorderstevens auf Pergamentpapier. Als erste Arbeitsschritte zur Herstellung des Rumpfes werden die papierenen Schablonen auf Pappelsperrholz aufgeklebt und mit der Stichsäge entsprechend ausgeschnitten. Erstmals muss sich Wulf dabei mit einer geteilten Negativform befassen, da der Originalrumpf einen verhältnismäßig großen Wulstbug besitzt. Diesen gilt es für das spätere Endformen ob seiner Sperrigkeit unbedingt einzuplanen.

Ansonsten arbeitet er nach dem bewährten Prinzip: Spanten auf den Helgen setzen, ausrichten und verschrauben, sie dann mit Klebeband abdichten und Zweikomponentenschaum in die Zwischenräume einbringen. Schon nach einer knappen Stunde ist der Schaum durchgehärtet und das überschüssige Material kann abgesägt oder mit Hilfe einer groben Raspel entfernt werden. Nun wird der Kern mit Polyesterharz mehrfach eingestrichen, wodurch er eine große Festigkeit und eine glatte Oberfläche erhält.

Jetzt kommt wohl die »Lieblingsbeschäftigung« aller Modellbauer: spachteln – schleifen – spachteln und wieder schleifen, bis jeder Zweifel an der Qualität der Oberfläche beseitigt ist. Aber auch hier ist es so, wie es »Haushaltsspezialisten« wie ich vor allem vom Fensterputzen kennen: Die Sonne macht manch Ungesehenes dann doch noch sichtbar. Bei wechselnden Lichtverhältnissen zeigen sich immer wieder Unebenheiten, die das Auge stören und noch ausgeglichen werden müssen. Gute drei Wochen Spachtel- und Schleifarbeiten gehen darüber ins Land!

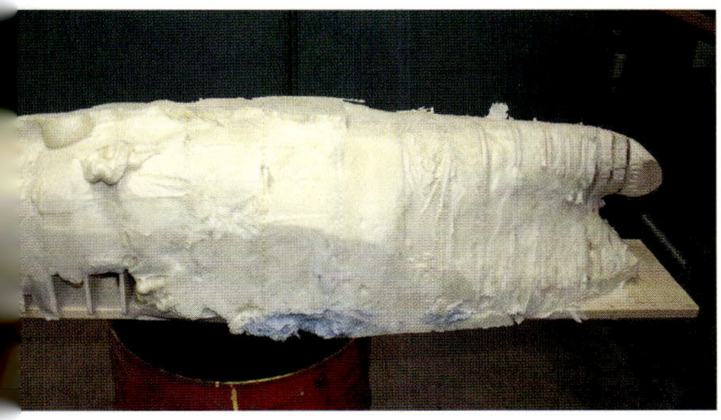

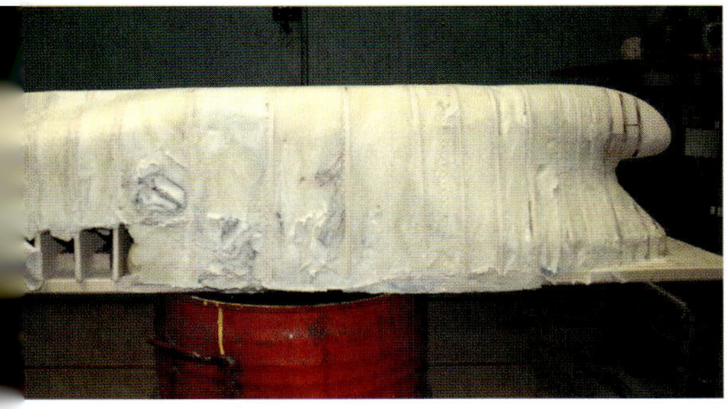

Schon nach einer knappen Stunde ist der Zweikomponentenschaum durchgehärtet und kann geglättet werden.

Nach der Fertigstellung des Kerns, sprich der Positivform, beschäftigt sich Wulf mit der später nötigen Zweiteilung der Negativform. Diese bereitet er mit einem 0,5-Millimeter-Alublech vor, das er fast in der Mitte quer und mit Überstand in die Positivform einsteckt. Nun kann darauf die Negativform laminiert werden – aber erst nach entsprechenden Vorarbeiten. Zunächst wird die gesamte Form mit Polyesterharz eingestrichen, zweimal mit Trennwachs beschichtet und durchpoliert. Jetzt noch Trennlack aufbringen und dann endlich kann die Laminierung beginnen.

Nach dem Aushärten des Laminats und vor dem Trennen der Formen bohrt der Modellbauer in vier Zentimeter Abstand Sechs-Millimeter-Löcher in die mitlaminierte Überlappung des Trennungsblechs. Damit will er gewährleisten, dass die beiden Negativformen nach dem Lösen vom Positiv wieder exakt zusammengefügt werden können.

Ist die gesamte Negativform mit Trennwachs und Trennlack bearbeitet, wird der in ihr entstehende Rumpf laminiert. Um dabei eine saubere Oberfläche zu erhalten, streicht Wulf die Form zunächst dick mit Gelcoat ein. Am nächsten Tag sind die beiden Formen voneinander trennbar und die Negativform entlässt einen schön durchgehärteten Schiffsrumpf. Diesen gilt es erst einmal vom Trennmittel zu säubern und die Decks darin grob auf Maß zu schneiden. Nun werden alle Öffnungen für die Stevenrohre, Ruder, Bug- und Heckstrahler sowie Schlingerkiele ausgearbeitet und die Decks auf Höhe geschliffen.

»Zwischenzeitlich erhielt ich vom Original aktuelle Bilder«, erzählt Wulf, »ich war fast gleichauf mit der Werft – wunderte mich aber über die Form des Wulstbugs.« Überraschende Lösung: Die Werft hatte mal eben ganz offensichtlich die Pläne geändert. Ganz so, wie es Andreas Wulf ja schon zu Beginn des Projektes befürchtet hatte. Das bedeutet auch in der Bastelwerkstatt erste Korrekturen. Mit angedicktem Polyesterharz und

Aus Aluminiumrohr mit 60 Millimeter Durchmesser entstehen zwei kleine Kunstwerke; Mit einem 0,5-Millimeter-Alublech mit Überstand wird die Positivform in der Mitte geteilt; Positiv, teilbares Negativ und abschließendes Positiv als Rumpf

Spachtel muss die Schiffsnase nun wieder dem Original angepasst werden. Auch die achtere Rollenklüsenbank im vorderen Schanzkleid ist plötzlich nicht mehr vorhanden. Bei Wulfs Modell ist sie gemäß des ihm vorliegenden Planes schon ausgearbeitet. Also wieder die Lücke entsprechend ausfüllen und verspachteln. Von nun an vergleicht der kritische Modellbauer akribisch seine Pläne mit den ihm alle paar Wochen überlassenen aktuellen Fotos vom Originalbau, damit er auf eventuelle Differenzen schnellstmöglich reagieren kann.

Überraschungen bleiben trotzdem nicht aus. Gleich bei seinem zweiten Besuch in der Peene-Werft: Sie ist wieder da, die zweite Rollenklüsenbank. Also erneut das vordere Schanzkleid ändern. Nun stimmt es aber endgültig.

Eine Herausforderung ganz besonderer Art ist die Herstellung der Wing Nozzles. Die Kombination von wenig Tiefgang, hoher Geschwindigkeit und hohem Pfahlzug hat den Konstrukteuren des Notschleppers einige Kunstgriffe abverlangt. Somit werden besonders geformte Kortdüsen eingebaut, eben diese Wing Nozzles. »Hier konnte meine neu erworbene Drehbank zeigen, was in ihr steckt.« Zunächst müssen die Innenmaße abgedreht werden, um dann im zweiten Schritt die Außenmaße der sehr dünnen Ringe zu übertragen und abzudrehen. Gleiches geschieht mit den zwei Außenringen. Nach zwei Tagen ist es geschafft: Aus Aluminiumrohr mit 60 Millimeter Durchmesser sind zwei kleine Kunstwerke entstanden.

Ein Millimeter Messingdraht verbindet die jeweils zwei unterschiedlich geformten Ringe miteinander. Die beiden dazugehörigen Sockel entstehen aus Drei-Millimeter-Polystyrolplatten. Je 14 aus 1,5 x 0,4 Millimeter Polystyrol bestehende Streifen kommen jetzt noch an die Außenseite der Ringe und werden dort angeklebt.

Hinter den Wing Nozzles sorgt je ein Beckerruder für hohe Wendigkeit des Modellschleppers. Zwei auf das Originalmaß von 52 Millimeter Durchmesser abgeschliffene Vierblattschrauben ermög-

lichen den notwendigen Vortrieb. Den Antrieb der zwei Schrauben übernimmt je ein Zwölf-Volt-Elektromotor vom Typ Elefanten aus dem Hause Conrad. Die zwei Bugstrahler werden zusammen über einen Zahnriemen von einem Speed-E-500-Motor und der Heckstrahler von einem Faulhaber-Motor angetrieben.

Jetzt steht das Herstellen der Motorenfundamente für die Hauptmaschinen auf dem Plan, ihr Ausrichten, Anheften im Rumpf und letztlich der Einbau der Hauptmaschinen. Die beiden Bugstrahler sowie der Heckstrahler müssen noch eingepasst und auf Maß eingeschliffen werden, bevor ihre Antriebe angepasst und integriert werden können. Zum Schluss die Fernsteuerung: einbauen, Empfänger anschließen, Fahrtenregler programmieren – fertig.

Weiter geht es mit dem Rumpf. Da sind zum Beispiel noch die Schlingerkiele. Deren Positionen und Größe ermittelt Wulf mit Hilfe von Fotos und dem Generalplan, zeichnet sie entsprechend am Rumpf an und befestigt sie. Das Baumaterial besteht aus Messingblech und Polystyrol. Auch die Bullaugen sind noch zu fertigen. 60 Stück von ihnen werden aus Sechs-Millimeter-Messingrohr abgedreht und gelötet, die Montagelöcher im Rumpf ausgebohrt und ausgefeilt.

Mitte Mai 2010. Zeit für die Badewanne: Es geht zum ersten Mal ins Wasser. Der Rumpf schwimmt! Und lässt kaum Wasser eindringen. Die beiden Leckstellen sind schnell mit Harz abgedichtet. Zudem lässt der erste Schwimmtest einige Rückschlüsse für das Antriebskonzept des Originals erwarten, ist sich Wulf sicher. »Ich musste aufpassen, dass die beiden drehenden Schrauben nicht die ganze Badewanne leer wirbelten.« Eine Wasserpumpe für die beiden Löschmonitore hat er ebenfalls schon eingebaut. Als Besonderheit ist die Wasserpumpe über einen Drehzahlregler gesteuert. So lässt sich deren Reichweite und Durchflussmenge wie im Original bestimmen.

Jetzt, im Mai, bekommt Wulf endlich auch das Vorbild seiner monatelangen Modellbauarbeiten im Original zu Gesicht. Es liegt mittlerweile im fortgeschrittenen Bauzustand im Trockendock. »Ein komisches Gefühl, das erste Mal Kontakt zu einem Schiff zu bekommen, das zu Hause in ähnlicher Bauphase liegt; nur erheblich kleiner«, begeistert er sich. »Ich bin einfach vom Design und den Ausmaßen überwältigt.« Mit über 300 selbst gemachten Fotos geht es für ihn am Nachmittag gleich zurück in seine Modellbauwerft.

Aber ihm fehlen trotz der vielen Bilder immer noch einige Details, die am Original erst sehr spät verbaut werden. Hier müsse man, erklärt er, auch gerade bei der Farbgebung sehr kreativ und vorausschauend sein. Einige Änderungen, die in der Werft kurzfristig umgesetzt würden, ließen sich

Einer der den Konstrukteuren abverlangten Kunstgriffe stellen die Wing Nozzles dar

im Modell nicht mehr nachvollziehen, resümiert er zur Halbzeit des Baus. In solchen Fällen gelte für ihn der Generalplan, Stand Januar 2010, als verbindlich. Er werde dann nur noch solche Korrekturen vornehmen, die sich einfach realisieren ließen. »Das ist wohl der Kompromiss, mit dem man leben muss, wenn man parallel zu dem Original arbeitet.«

Nachdem nun alle Antriebe eingebaut und auf ihre Funktionalität geprüft sind, werden die Decks eingeklebt, wobei natürlich auf genügend Öffnungen für etwaige Reparaturen und Wartungen geachtet werden muss. Das Hauptdeck ist jetzt und in Zukunft einfach abnehmbar. Darunter befindet sich eine große wasserdichte Luke, die ausreichend Zugang zu den Rudern, Stevenrohren und der Wasserpumpe bietet.

Die Aufbauten stellt Andreas Wulf, wie bei seinen früheren Modellen auch, aus ein Millimeter dickem Polystyrol her. Die Fenster werden entsprechend angezeichnet und ausgearbeitet. Mit einem 0,2 x 1,5-Millimeter-Polystyrolstreifen fertigt er anschließend die Fensterrahmen und aus Sechs-Millimeter-Messingrohr alle Bullaugen. Das Rohr wird am Ende verlötet.

Als ziemlich aufwendig stellt sich der Brückenaufbau heraus, oder wie Wulf es ausdrückt: »Er hat es in sich!« Es gibt keine gerade Ebene, nur Winkel an Winkel. Die obere Brückenverkleidung muss Stück für Stück mit Hilfe von Schablonen erstellt werden. Erst durch das Einkleben des Brückendaches bekommt die ganze Konstruktion die nötige Festigkeit.

Bei seinem zweiten Besuch in der Peene-Werft ist bereits die Schleppwinde eingebaut und das Windenhaus im Rohbau fertig, was jetzt auch diese Arbeit im Modell möglich macht. Für das Kruzifix

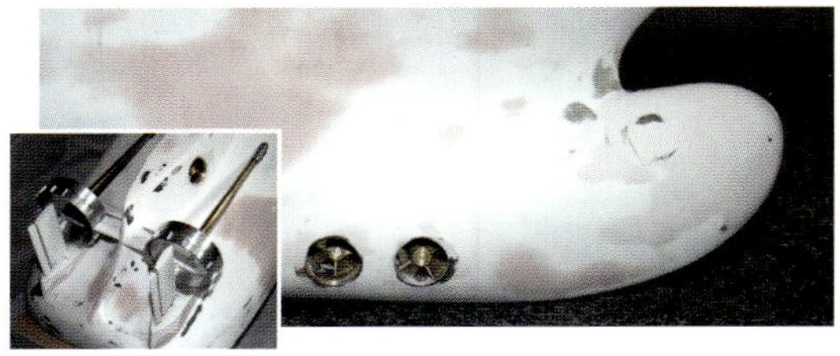

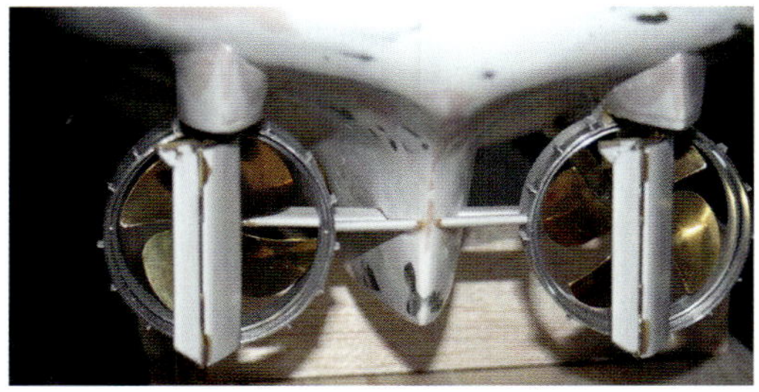

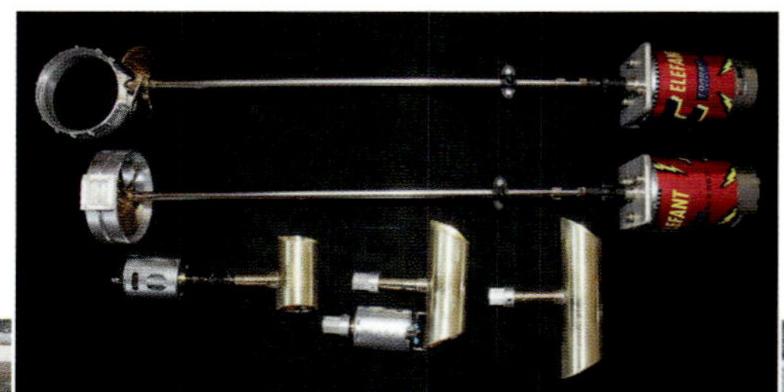

Antriebe von Modell und Original; Auf 52 Millimeter abgeschliffene Vierblattschraube; Das Antriebskonzept des Modells im Überblick

fertigt er Viertelrundstäbe und platziert sie – wie auf den ihm vorliegenden Fotos – an der Rückwand. So langsam bekommt das Modell nun eine deutliche Gestalt und wird dem Original immer ähnlicher. Viele verschließbare Lüfterschächte sind jetzt herzustellen und an den Aufbauten anzubringen. Genau wie die Schotten, die sich hauptsächlich an den Rückseiten der Aufbauten befinden. Deren Scharniere bestehen aus 0,8-Millimeter-Messingdraht.

Beim Schlepperheck wird's noch mal kompliziert. Die vielen Rundungen machen eine Herstellung aus Polystyrol unmöglich. Also muss der Modellbauer, ähnlich wie beim Herstellen des Rumpfes, eine Positivform aus Balsaholz gestalten. Daraus wird die Negativform laminiert und daraus wiederum das Schlepperheck ausgeformt. Er verwendet für diesen Zweck eine dünn gewebte Glasfasermatte. Nach dem Aushärten sind noch die Speigatten auszuarbeiten.

Auf dem Schlepperheck befinden sich die manuell herausziehbaren Towingpins und Karmfalks zur Führung der Schleppleine. Diese werden aus Messingrohr beziehungsweise Polystyrol nachgebildet. Die Unterseite des Hecks bekommt die typischen Verstrebungen und den passenden Farbanstrich. Anschließend klebt Wulf das fertige Schlepperheck auf den Rumpf und verspachtelt die Teile sauber miteinander. Das Schanzkleid zwischen Schlepperheck und Aufbau besteht aus Ein-Millimeter-Polystyrol. Auch hier sind noch die Speigatten auszufeilen. Den oberen Abschluss bildet ein zwei Millimeter starkes Polystyrolrohr. Im vorderen Bereich befindet sich die Rescue-Zone. Sie ist etwas nach innen versetzt und mit einer kleinen Tür versehen.

An der Achterkante des Hauptdecks bringt der Experte nun die beiden aus Drei-Millimeter-Alu-

Vergleich Modell und Original; Erster Schwimmversuch in der Badewanne; Feinarbeiten wie das Installieren der Bullaugen können beginnen

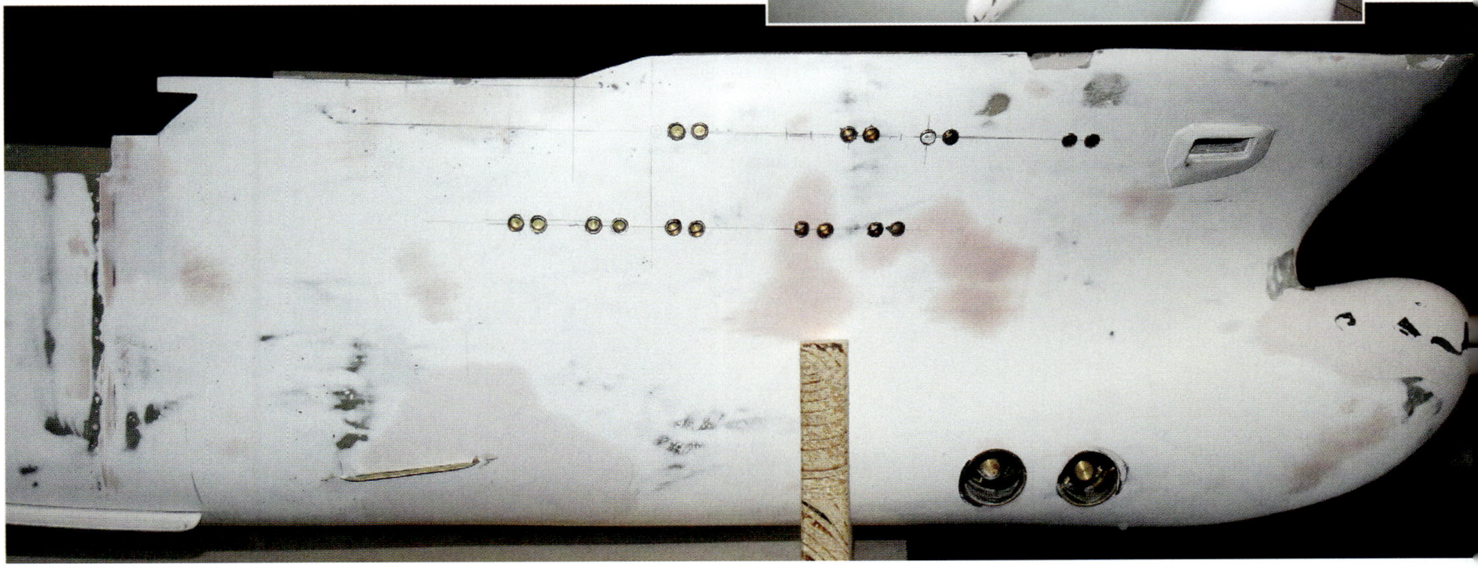

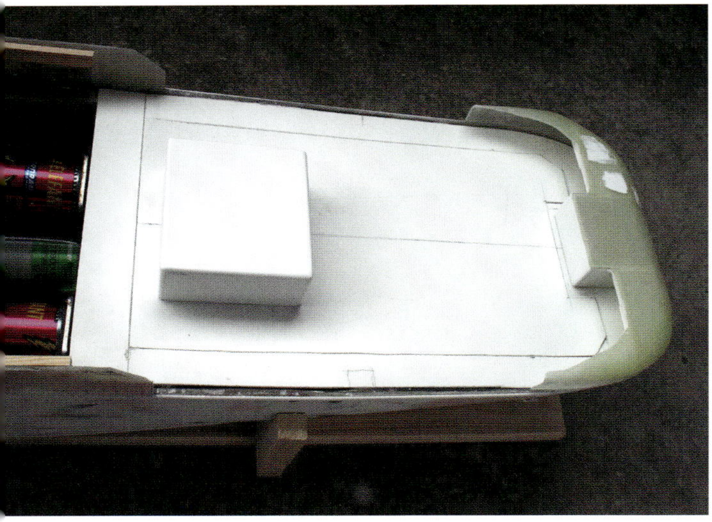

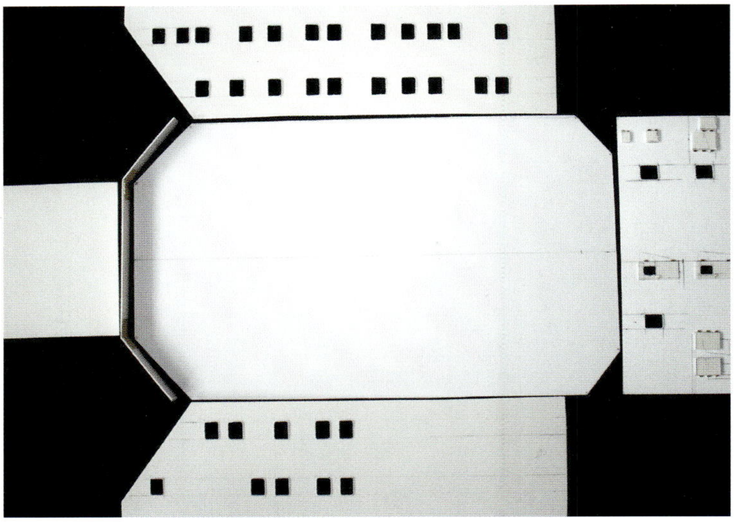

Oben: Der Bau von Brücke und Heck stellen besondere Herausforderungen für den Modellbauer dar

miniumrohr gebogenen Schleppabweiser an. Um eine möglichst große Stabilität zu erreichen, hat er das Rohr mit 0,8-Millimeter-Messingdraht verstiftet. Auch die Schleppbügel auf dem Hauptdeck sind gestiftet und trennbar konstruiert, damit man sie beim Abnehmen des Hauptdecks vorher entfernen kann.

Die Lackierung des Rumpfes, der zuvor gründlich mit Alkohol und Silikonentferner zu entfetten ist, erfolgt mit Acryllack aus dem Kfz-Bereich. »Als Grundierung verwende ich einen Füller, den ich anschließend mit 400er-Schleifpapier anschleife.« Das Unterwasserschiff erhält die Farbe Oxydrot, wofür er sich im Kfz-Handel eine Dose Acryllack anmischen lässt. »Wichtig ist, dass es seidenmatt ist«, betont Wulf. Jetzt wird die Wasserlinie genau angezeichnet und der harte Farbübergang ebenfalls mit 400er-Schleifpapier bearbeitet. Das Überwasserschiff bekommt eine seidenmatte schwarze Lackierung.

Nachdem der Lack gut durchgetrocknet ist, erhalten die zahlreichen aus Polystyrol nachgebildeten

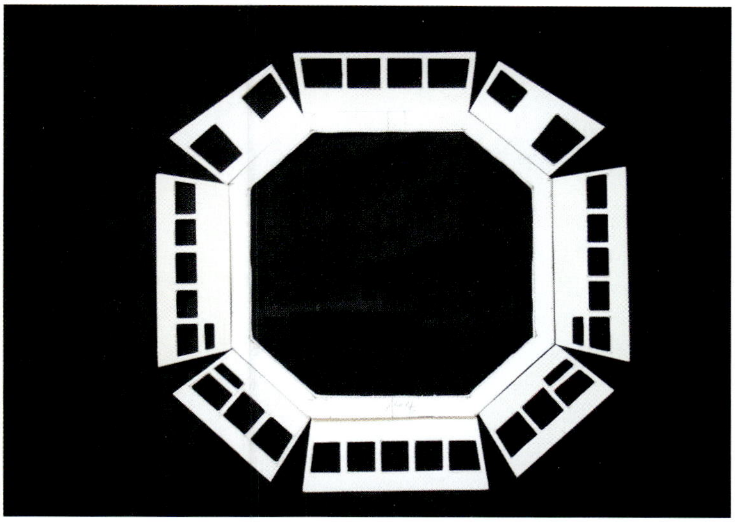

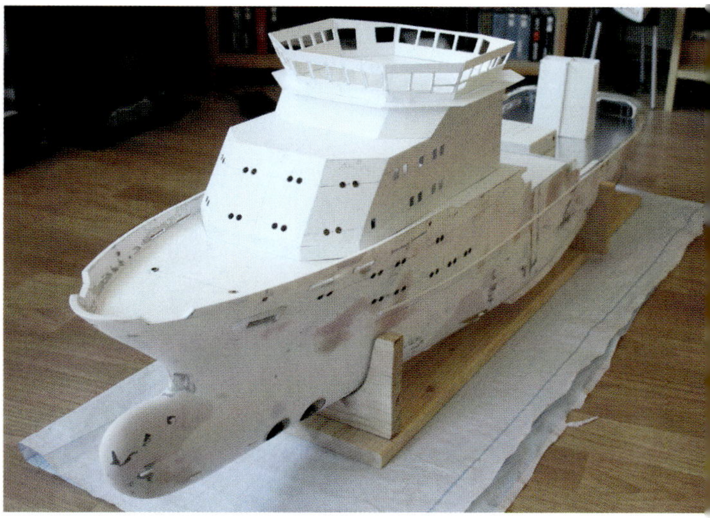

Opferanoden einen silbernen Anstrich. Die übrige Lackierung des Modells bringt Wulf unter Verwendung einer Airbrush-Spritzanlage mit Emaillelack aus dem Plastik-Modellbaubereich auf.

Im achteren Bereich des B-Decks sind für die Aufnahme von Schleppleinen drei Speicherwinden vorgesehen. Die Windenscheiben werden aus 0,5-Millimeter-Polystyrol grob ausgeschnitten, auf der Drehbank genau auf Maß abgedreht und anschließend – ähnlich dem Original – mit 0,4-Millimeter-Streifen verstärkt. Alle drei Winden laufen auf einer Welle und sind mit einer Bremse ausgestattet. Auch das gilt es entsprechend nachzubilden. Der Antrieb erfolgt im Original über einen Hydraulikmotor, der im Modell ebenfalls aus Kunststoff besteht. Später werden noch die Leinen auf die Winden aufgespult.

Die drei großen Schleppbügel, die über dem Achterdeck angebracht sind, bestehen aus Zwei-Millimeter-Messingdraht sowie 0,3-Millimeter-Messingblech. Zunächst werden dazu zwei Messingrohre parallel ausgerichtet und dann das

Unten: Bei zwei Besuchen auf dem Original nimmt Andreas Wulf Maß; Ein originales Kruzifix, das nichts mit Religion zu tun hat

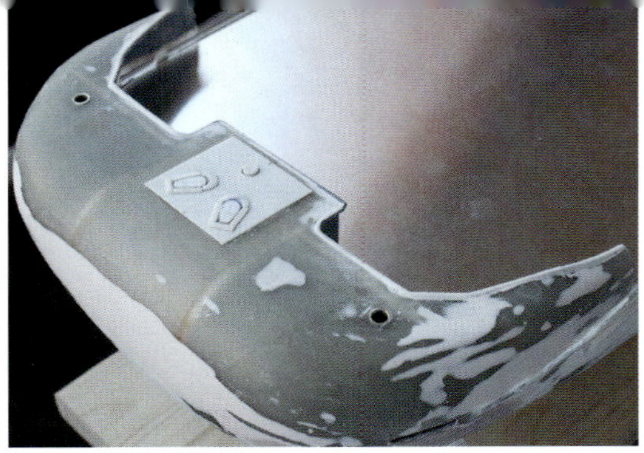

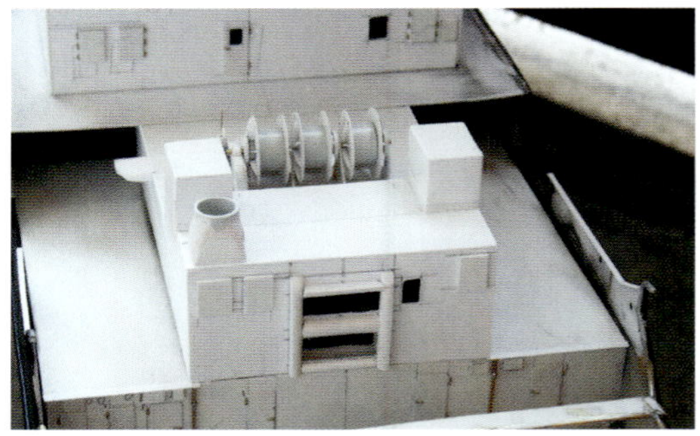

0,3-Millimeter-Messingblech als Abschlussblech nach oben aufgelötet. Dem folgen nun die vorsichtig eingebrachten Biegungen, wobei darauf zu achten ist, dass die Schleppbügel unterschiedliche Höhen aufweisen. Im Anschluss werden die Seitenbleche angelötet.

Die gesamte Konstruktion muss abnehmbar gestaltet sein, was beim Original natürlich nicht der Fall ist. Der Modellbauer löst diese Erfordernis, »indem alle Aufnahmen zum Schanzkleid mit 0,8-Millimeter-Messingdraht gestiftet sind«. So ist gewährleistet, dass er das achtere Deck jederzeit mühelos abnehmen kann. Die weiteren Verbindungen und Abstützungen sind am Modell angepasst und montiert.

Für den Deckstore auf dem Hauptdeck verwendet Wulf drei Millimeter dicke Polystyrolplatten. Das starke Material ermöglicht auch eine hervorragende Nachbildung der Rundungen. Die Öffnung an der Steuerbordseite ist mit einer großen Anzahl von Rohrleitungen und Flanschen bestückt. Hier kommen Messingrohre und Ätzteile zum Einsatz. Lüftungsklappen, Schotten und einiges mehr vervollständigen den Deckstore, der im Original auch noch den Hafendiesel beherbergt.

Ende August kommt mal wieder eine Überraschung auf den Modellbauer zu: An der Backbordseite sind die Handläufe wieder verschwunden und zwei J Chaser haben ihren Platz gefunden. Zum Glück, so Wulf, habe er diese Änderung noch problemlos anbringen können, da die Lackierung erst noch ansteht. Die J Chaser sind aus drei Millimeter starken Polystyrolplatten angefertigt, und ihre Halter sind aus Messingdraht.

Etwas zu groß geraten wirken die zwei aus Polystyrolplatten nachgebildeten Masten auf dem

Das Heck mit seinen Details; Vorbereitung und Lackierung des Unterwasserschiffes; Das Deck mit seinen Details

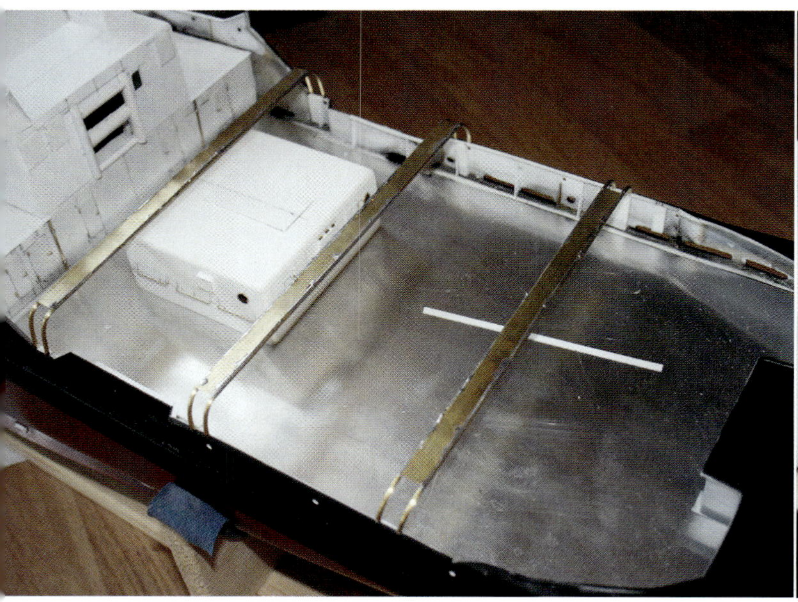

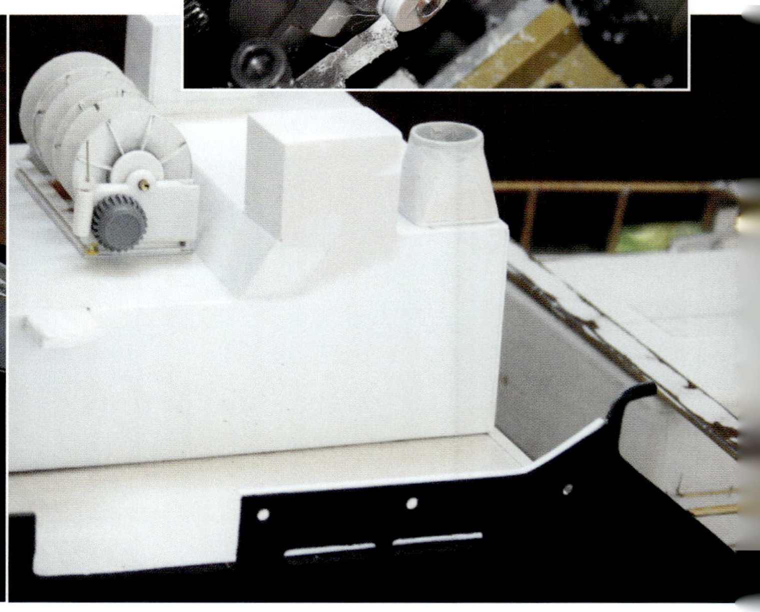

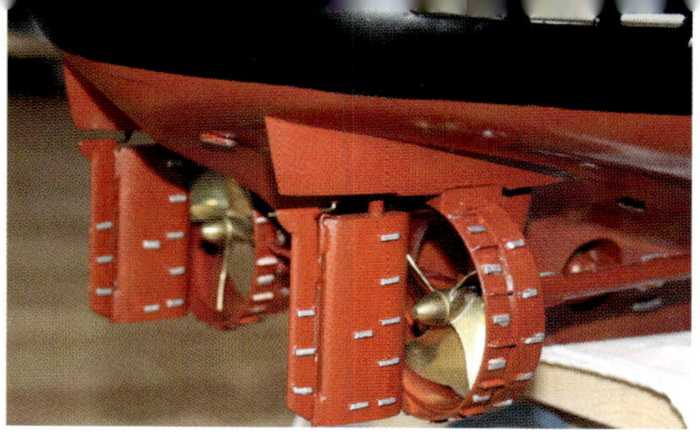

Peildeck. Der Backbordmast beinhaltet alle Abgaspfosten aus dem gesamten Maschinenbereich. Sie bestehen aus Aluminiumrohr, das durch Ausschneiden von Keilen entsprechend gebogen ist. Aus Gewichts- bzw. Konstruktionsgründen sind die Masten hinten mit einer großen Öffnung versehen.

Auf den Masten befinden sich auch die ausfahrbaren Löschmonitore zur Brandbekämpfung. Im Original können diese um weitere acht Meter auf insgesamt 32 Meter Höhe ausgefahren werden. So ist eine Brandbekämpfung im Aufbau- und Ladungsbereich großer Schiffe von See her möglich. »Ein Ausfahren der Monitore im Modell ist nicht vorgesehen«, räumt Andreas Wulf ein.

Innerhalb der Masten verläuft die Leitung, die beide Löschmonitore, welche aus den Bausätzen der Firma Graupner stammen und entsprechend umgearbeitet sind, mit Wasser versorgt. Des Weiteren sind zwei Radarantennen auf der Mastplattform angebracht sowie ein Mast mit Mastkorb, auf dem sich eine Vielzahl von Antennen befindet.

Die zwei Beiholerwinden, die sich auf dem Hauptdeck befinden, werden aus Aluminium und Polystyrol gefertigt. Ihre Hydraulikleitungen bestehen aus kleinen Kupferlitzen, die entsprechend zu biegen und anschließend matt schwarz zu lackieren sind. Außerdem müssen sechs große Umlenkrollen aus Aluminium gedreht werden. Sie gewährleisten, dass man auf dem gesamten Hauptdeck mit den Schleppleinen arbeiten kann. Hinzu kommen zahlreiche Lukendeckel. Vier Festmacherpoller und viele kleine Details machen das Hauptdeck komplett.

Das Backdeck wird durch die zwei Anker- und Verholspills dominiert. Sehr auffällig sind die

Hauptantrieb und Ruder im Modell; Deckstore im Modell und Original; Vergleich Modell und Original

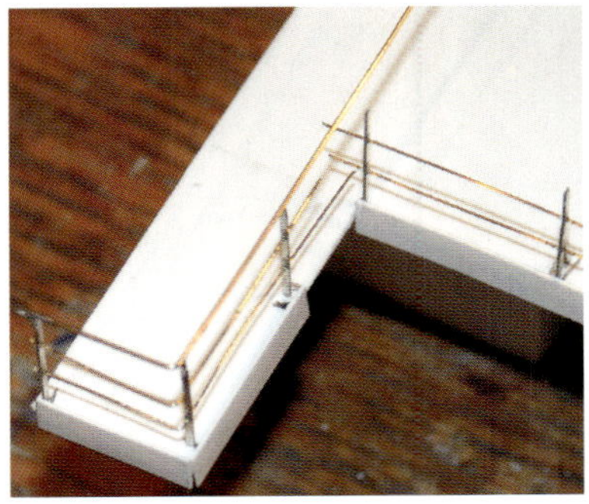

Herstellung von Mast und Reling; Auf insgesamt 32 Meter Höhe ausfahrbarer Löschmonitor; Der Hauptmast mit seinen Besonderheiten

sichtbaren Ankerstöcke auf dem Backdeck. Die bedingen sich durch eine hohe Lage der Ankertaschen. Des Weiteren sind auf der Back unter anderem Festmacherpoller, Umlenkrollen, Lüfter und zwei große Luken vorgesehen. Die Lukendeckel stellt Wulf aus 0,5-Millimeter-Polystyrol her, ihre Detaillierung aus Messingdraht. Die Umlenkrollen mit ihren Unterteilen aus Polystyrolrundprofilen dreht er aus Aluminium. Für die Schanzkleidstützen finden 0,25 x 3,8-Millimeter-Polystrips Verwendung.

Die Reling an Bord der NORDIC setzt sich aus einem Handlauf sowie zwei Durchzügen zusammen. Hier greift der Modellbauer auf geätzte Relingstützen aus dem Hause Saemann zurück. Als Handlauf dient ein 0,5-Millimeter-Messingdraht. Die Durchzüge sind aus 0,3-Millimeter-Messingdraht gestaltet. Um die Relingstützen zu fixieren, bohrt er 0,5-Millimeter-Löcher in die Decks und klebt die Relingstützen dort ein. Besonders viel Geduld erfordert das Einfädeln der Durchzüge.

Sobald mehrere Relingstützen mit den Durchzügen verbunden sind, werden sie ausgerichtet und mit wenig Sekundenkleber befestigt. Etwas schwierig gestaltet sich dann das Biegen. Da ja die gesamte Länge einer Reling zu berücksichtigen

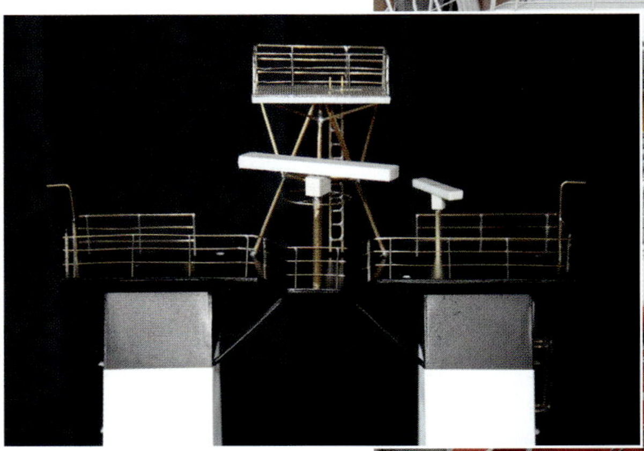

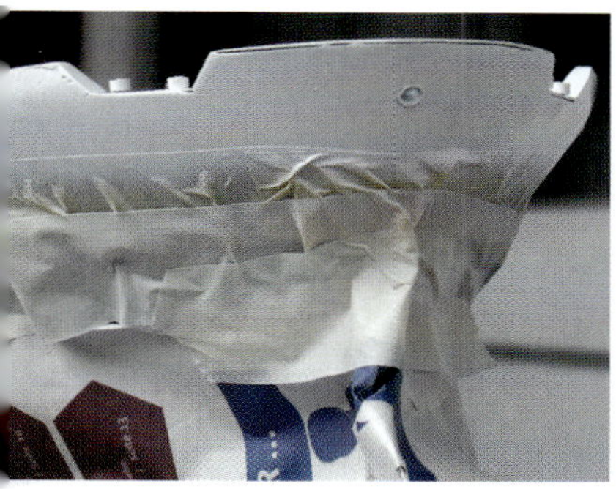

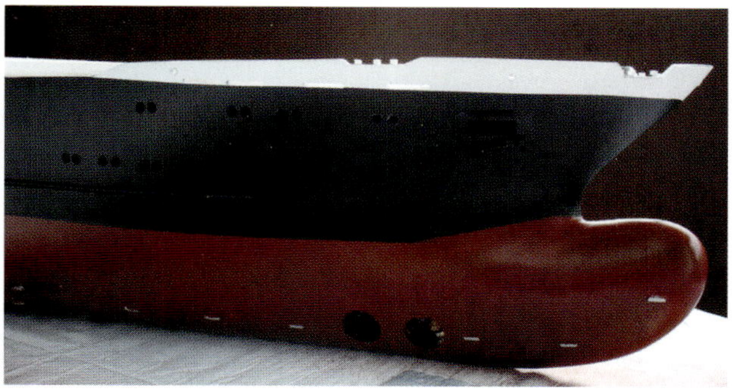

ist, werden die Stützen vor dem Biegen aufgefädelt. Beide Durchzüge müssen nun gleichzeitig bei gleicher Länge um den entsprechenden Winkel gebogen werden. Andreas Wulf verwendet hierfür kleine Klemmen aus dem OP-Bereich. Der Vorteil dieser Methode ist, dass er keine Enden der Durchzüge miteinander zu verlöten hat. Alternativ kann man auch immer die geraden Relingteile auf das Deck setzen und die Stöße miteinander verlöten. Zum Schluss lötet er den Handlauf auf die Relingstützen.

Und wieder stehen Nachbesserungen an. Aktuelle Fotos vom Baufortschritt in Wolgast zeigen: In Anlehnung an die Behördenschiffe des Bundes bekommt nun auch die NORDIC am vorderen Schanzkleid eine leuchtorange Lackierung. Für Wulf bedeutet das: Das Schanzkleid des Modells muss neu angeschliffen, zunächst weiß lackiert, dann zweimal mit Leuchtorange gespritzt und zum Abschluss mit Klarlack versiegelt werden.

Für die Brandbekämpfung und das Arbeiten in gefährlichen Atmosphären ist die NORDIC mit einer umfangreichen Eigenschutzanlage ausgerüstet. Im Notfall hüllen zahlreiche Sprühdüsen das Schiff in einen Wassernebel, der Strahlungswärme abschirmt und Schadstoffe sofort abspült. Beim Modell sind die vielen dafür nötigen Wasserleitungen, die an den Schanzkleidern verlaufen und auch im gesamten Aufbau- und Mastbereich zu finden sind, aus 0,8-Millimeter-Messingdraht nachgebildet. Auf die Herstellung der kleinen Düsen hat Wulf verzichtet, man würde sie ohnehin kaum sehen. Ebenfalls hat er alle Feuerlöschleitungen, die an mehreren Orten an Bord die B- und C-Anschlüsse versorgen, berücksichtigt. Sie bestehen aus 0,8- oder Ein-Millimeter-Messingdraht.

»Ein besonderer Moment war für mich die erste Fahrerprobung im offenen Wasser«, bekennt der stolze Modellschiffbauer. Nachdem er seine »Mini-NORDIC« zweimal in der Badewanne auf Dichtigkeit und die Antriebe kurz auf Funktion geprüft hat, steht der Testfahrt nichts mehr im Wege. Ein bisschen Lampenfieber hat er schon. Wer weiß, wie sich die Konstruktion unter »realen«

Anschleifen, zunächst weiß lackieren, dann zweimal mit leuchtorange spritzen und zum Abschluss mit Klarlack versiegeln; Fertigungsstand des Modellschleppers Anfang August; Es ist Zeit für die Vorbereitung und Herstellung der Kleinteile

Noch ein paar Angaben zum Bau der Nordic:

Als Hauptbaumaterial hat der Modellschiffbauer Polystyrol in verschiedenen Stärken verarbeitet (Platten 1 x 0,5 Millimeter). Für die Detaillierung setzte er Messing- und Polystyrolprofile ein. Verklebungen erfolgten mit Sekundenkleber dünnflüssig, Ruderer L530TF sowie Acrylit. Für die Spachtelarbeiten am Rumpf und Aufbaubereich verwendete Wulf einen Zweikomponenten-Polyplast-Spachtel sowie Feinspachtel. Insgesamt hat er rund 3.000 Stunden direkte Arbeit in das Modell gesteckt, die vielen Gespräche nicht mit eingerechnet.

Bedingungen auf seinem Haussee verhält? Außerdem zeigt sich das Wetter an diesem Tag auch nicht gerade von der besten Seite. Gerät sein Meisterwerk am Ende sogar noch in »Seenot«?

Der ersten Aufregung folgt die nüchterne Bestandsaufnahme: »Die Hauptantriebe sind naturgemäß überdimensioniert, 4.200 Umdrehungen pro Minute, das ist viel zu hoch«, stellt Wulf fest. Aber so hätte das Schiff wenigstens entsprechende Kraftreserven für das »Manöver des letzten Augenblicks«. Die Querstrahler sind offensichtlich leistungsstark genug, um das Modell in allen Lagen zu manövrieren. Auch die Ruder funktionieren gut. »Das Wellenbild mit dem gewaltigen Wulstbug sieht wirklich ansprechend aus.« Da zu diesem Zeitpunkt die Decks noch nicht verklebt sind, muss er vorsichtig manövrieren, um das Minischiff nicht gleich zu fluten.

Die letzten Ausstattungsarbeiten stehen an. Im hinteren Bereich des A-Decks sind auf der Steuerbordseite ein Mann-über-Bord-Boot (MOB) sowie auf der Backbordseite ein Arbeits- und Bereitschaftsboot zu platzieren. Das MOB soll mit einem Davit, das Arbeits- und Bereitschaftsboot mit dem Hydraulikkran zu Wasser gebracht werden. Glücklicherweise habe er noch ein Arbeitsboot im passenden Maßstab, freut sich Andreas Wulf. Mit nur wenigen Umbauten könne er es für das Nordic-Modell nutzen. Das MOB habe er aus entsprechenden Polystyrolprofilen nachgebaut und die entsprechenden Aufnahmen für die Boote aus Messingprofilen gelötet.

Im August erhält er die Originalpläne für den Offshore-Kran, der an der Backbordseite installiert ist. Es handelt sich um einen Kran mit 16 Metern Knickausleger und einer Hubleistung von 3,6 bis

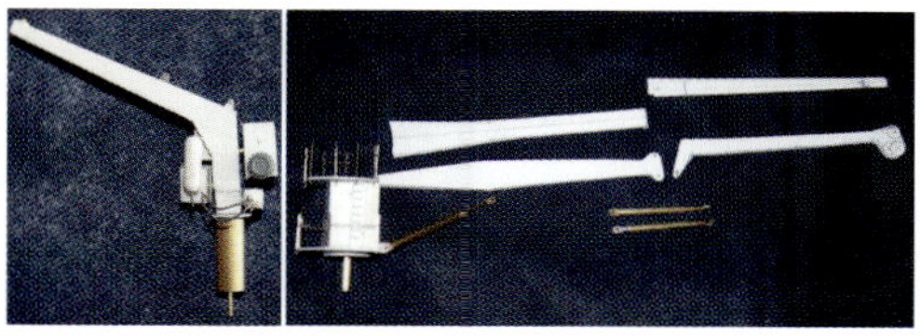

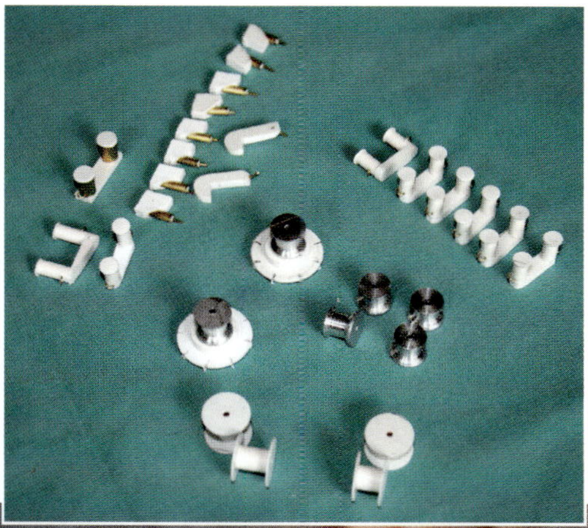

6,6 Tonnen. Als Besonderheit ist er mit einer pendelarmen Lastaufhängung (PLH) ausgerüstet.

»Als erstes habe ich die Pläne in den Maßstab 1:75 umgezeichnet«, erläutert Wulf seine Vorgehensweise. Die Hauptbestandteile des Kranes, wie Auslegerteile und Sockel, stellt er aus 0,5-Millimeter- und Ein-Millimeter-Polystyrolplatten her. Die Hydraulikzylinder entstehen aus Messingrohr und die pendelarme Lastaufhängung aus auf der Drehbank angefertigtem Aluminiumrundmaterial. Alle Elektro- und Hydraulikleitungen werden auch hier aus Kupferseelen gefertigt. Der Modellkran selbst lässt sich manuell in alle sinnvoll möglichen Stellungen und Richtungen bewegen.

Und jetzt noch der kritische Blick zurück: »Abschließend muss ich eingestehen, dass dieses Unternehmen mehr oder weniger verrückt war. In so kurzer Zeit ein so anspruchsvolles Modell zu erstellen war nur möglich, weil ich viele Nachtstunden und Wochenenden in den Bau der NORDIC investiert habe. Dazu die Probleme, parallel mit der Werft zu bauen. Häufiger musste ich Änderungen am Modell vornehmen, weil die Pläne in der Werft kurzfristig geändert wurden, was ja noch zusätzliche Zeit in Anspruch nahm. Auch die Information zur endgültigen Farbgebung am Original ließ lange auf sich warten. Entsprechend musste ich mich auch am Modell in Geduld fassen. Aber trotzdem bin ich auch ein wenig stolz, ein so interessantes Modell mit Unterstützung der ARGE Küstenschutz erstellt zu haben.«

Technische Daten	Original	Modell
Länge:	78 m	104 cm
Breite:	16,4 m	22 cm
Tiefgang:	6 m	8 cm
Verdrängung:	3.300 t	10 kg
Pfahlzug:	201 t	1,3 kg
Geschwindigkeit:	19,8 kn	3 kn
Leistung:	2 x 8.600 kW (23.392 PS)	2 x 18 W
Feuerlöschkapazität:	1.200 m³/h	3 l/min

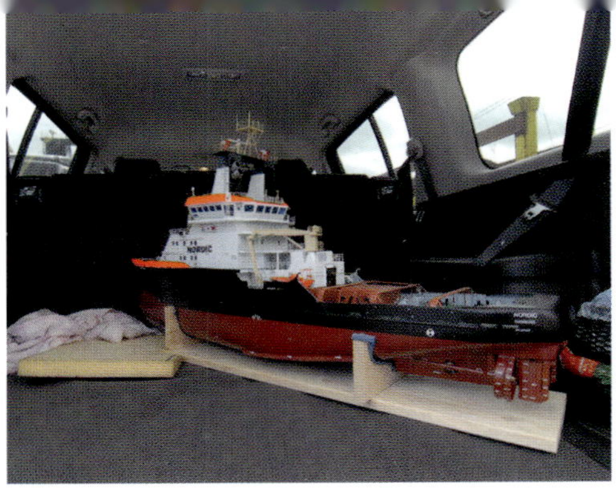

BEGEGNUNG ZWISCHEN MODELL UND ORIGINAL

Manchmal stimmt einfach alles, sogar das Wetter. Es ist der perfekte Tag, als Andreas Wulf sein fast fertiges Modell der NORDIC mit dem bald fahrbereiten Original zusammenbringt.

Und an Bewunderern seines Modellschiffes mangelt es ebenfalls nicht. Er fährt mit dem Auto an die Ausrüstungspier der Peene-Werft vor, holt die Mini-NORDIC aus dem Kofferraum und stellt sie auf eine Handkarre. »Oh, das sieht ja so aus wie der echte Schlepper« und »Können wir tauschen? Ich nehme die Kleine und du bekommst den Großen dafür!« sind zwei der vielen anerkennenden Kommentare.

Stolz sei er ja nun doch ein wenig, bekennt der freudig lächelnde Modellbauer: »Ich war nicht wirklich sicher, es auch rechtzeitig zu schaffen.« Gerne hätte er sein Modell neben der echten NORDIC schwimmen lassen. Aber der Salzgehalt des Wassers und erst recht die vielen Algen lassen ihn doch lieber davon absehen. »Die anschließend nötige Reinigung ist einfach zu aufwendig.«

NORDIC

NORDIC

NORDIC
NORDIC
NORDIC
NORDIC

NORDIC
NORDIC

DIE KLEINE SCHWESTER IN FAHRT

Alles ist abgedichtet. Auf den ersten Blick sieht es so aus, als wäre die Modell-NORDIC komplett fertig. »Dem ist aber noch nicht so«, bekennt Andreas Wulf. Einzelne Kleinigkeiten sind hier noch zu bauen und da zu lackieren. »Aber damit muss ich noch ein wenig warten.« Gewappnet ob der vielen Veränderungen während der Werftzeit, wartet er noch ein wenig, bis er letzte Handgriffe an sein Schiff legt.

Aber was jetzt schon geht, ist schwimmen – und schnell fahren. Das Wellenbild lässt nichts mehr zu wünschen übrig. »Es ähnelt da ganz stark dem Original«, ist er sich sicher.

Was liegt da also näher, als bei gutem Wetter den Fotoapparat einzupacken und samt Modellschiff zum Haussee aufzubrechen. »Anders als bei der ersten Fahrt ist das Schiff jetzt auch von den Decks her wasserdicht und kann voll ausgefahren werden.«

Die Belohnung für verplante Freizeit und viele Stunden Arbeit folgt auf dem Wasser. Die Mini-NORDIC zieht ihre wellenreichen Bahnen und legt sich in die Kurven; ganz wie ihre große Schwester. Zum Spaß stellt sich bei Wulf jetzt auch der Stolz des Baumeisters ein.

SCHLEPPER-ABC

abbergen = Übernahme von Personen, Ladung und Ausrüstung von einem Schiff, das in Seenot geraten ist.
abbringen = ein auf Grund gelaufenes Schiff wieder flottmachen
Abdrift, Abtrift = Kursabweichung durch Wind oder Strömung
abfieren = an einem Tau herunterlassen
abwettern = einen Sturm auf See überstehen
Achterdeck = das hintere Deck eines Schiffes
AHTS = Anchor Handling Tug & Supply Boat. Schleppertyp, speziell für Offshore-Einsätze. Kann Anker bewegen und versetzen, versorgt Bohrplattformen mit Lebens- und Betriebsmitteln.
Anhang = das geschleppte Objekt
Ankerspill = drehbare Vorrichtung zum Ankerhieven
Anlauf = Annäherung an das zu schleppende Fahrzeug
Auf den Haken nehmen = Schleppverbindung herstellen
Auge = Ring, Öse, Loch, Schlaufe, Schlinge
ausbooten = Personen mit Booten an Land setzen
Ballast = totes Gewicht an Bord zur Erhöhung der Stabilität oder Vergrößerung des Tiefgangs bei Leerfahrten
Ballasttank = spezielle Tanks zur Aufnahme von Ballastwasser
Beaufort-Skala = Skala, die den Wind in Stärkegrade von 0–12 einteilt
beidrehen = die Fahrt verlangsamen, zum Stehen kommen
Beistopper = Beistopper und Beistopperwinde sichern den Schleppdraht und fixieren ihn im Heckbereich des Schleppers
bergen = ein in Seenot geratenes Schiff bzw. dessen Ladung in Sicherheit bringen
Bilge = tiefste Stelle im Schiffsrumpf, in der sich Leck- und Schmutzwasser sammelt
blindschlagen = wenn die sich drehende Schiffs-Schraube aus dem Wasser ragt
Brecher = Woge mit überstürzendem Kamm
Bruttoraumzahl (BRZ) = Maßeinheit für das Volumen eines Schiffes; internationale Bezeichnung: Großtonnage (GT), die sowohl BRZ als auch BRT bedeuten kann
BRT = Bruttoraumgehalt in Registertonnen
bugsieren = ein Schiff schleppen bzw. durch Schlepperhilfe in die gewünschte Richtung bringen
Bugsierer = kleiner Schleppdampfer, Schlepper, Bugsierschlepper, Hafenschlepper
Bugstrahlruder = Meist elektrisch angetriebener, quer eingebauter Propeller im Vorschiff, der in der Lage ist, das Schiff seitwärts zu drücken.
bunkern = Brennstoffübernahme eines Schiffes
Dangerous Goods = gefährliche Güter

Davit = Krananlage zumAussetzen von Rettungsbooten
Drift, Abdrift = seitliches Versetzen/Abtreiben des Schiffes vom Kurs durch Meeresströmung und Windeinwirkung
driften = auf dem Wasser treiben
Dünung = Meereswellen, die nicht durch unmittelbare Einwirkung des Windes entstanden sind, sondern auch dann noch nachwirken, wenn der Wind nachgelassen oder aufgehört hat
durchkentern = wenn ein Schiff mit dem Kiel nach oben liegt
durchstoßen = auf dem Meeresgrund aufschlagen
Dwarssee = Dwarssee, Dwarswind bedeutet See bzw. Wind von der Seite
Einschrauben-Schlepper = klassischer Schlepper mit zentral in der Kiellinie angeordneter Schiffsschraube
EPIRB = Abk. für Emergency Position Indicating Radio Bacon; Funkboje, die bei einem Schiffsuntergang selbstständig aufschwimmt und Seenotsignale abstrahlt
Eskortschlepper = Schlepper, die Schiffe begleiten, ohne eine Schleppverbindung herzustellen
Fallreep = Schiffstreppe, außenbords aufgehängt
fieren = eine Leine oder Kette nachgeben oder eine Last herunterlassen
FIFI 1 = Standard für die Leistungsanforderungen für Feuerlöschschlepper
flottmachen = ein Schiff, das auf Grund festsitzt, wieder zum Schwimmen bringen
Funkortung = Standortermittlung durch Anpeilung von mindestens zwei bekannten Senderstandorten
Klassifikationsgesellschaften = Seeschiffe werden nach den Bauvorschriften und unter Aufsicht anerkannter Klassifikations-Gesellschaften gebaut und später regelmäßig kontrolliert, um gegenüber Versicherungen einen Gütemaßstab garantieren zu können. Nach jeder Havarie muss die Klassifizierung neu erteilt werden. Zu den größten Gesellschaften dieser Art gehört der Germanische Lloyd, Hamburg.
gieren = abweichen vom Kurs infolge des Seegangs
grobe See = hoher Wellengang
Grundsee = gefährliche See mit hohen Wellen, deren Wellental bis auf den Grund geht
grüne See = Seeschlag. Massives überkommendes Wasser an Bord
Hahnepot = die Verbindung der Back- und Steuerbordseite eines Schleppanhangs auf einer zentralen Platte (Herzstück) vor dem zu schleppenden Objekt. Durch die Dreieckskonstruktion folgt der Anhang dem Schlepper besser als bei einer einfachen Verbindung durch eine Mittelklüse.
Havarie = durch Kollision, Sturm, Grundberührung, Feuer usw. entstandener Schaden an Schiff und/oder Ladung
hieven = hochziehen, aufwinden
Hochsee = die See außerhalb des Küstenbereiches
hohe See = offenes Meer, das nicht zu den Territorialgewässern und inneren Seegewässern der Küstenstaaten gehört und somit keiner staatlichen Souveränität unterliegt
Hochseebergungsschlepper = Schlepper für Schiffe, die auf hoher See in Seenot geraten sind
IMO = International Maritime Organisation (Internationale Seeschiffahrtsorganisation), legt international Regeln für den Seenotfall und andere wichtige Bestimmungen fest. Unterorganisation der UNO mit Sitz in London
Jakobsleiter = Fallreep, eine meist mit Holzsprossen versehene Strickleiter
Journal = Logbuch. Schiffstagebuch, das den Reiseverlauf und besondere Vorkommnisse dokumentiert
Kabelgat = Stauraum unter Deck für nicht im Gebrauch befindliches Tauwerk
Kasko = Schiffsrumpf (im Gegensatz zur Ladung, Kargo)
kentern = 1. Umkippen eines Schiffes, 2. Richtungswechsel des Gezeitenstroms
Kettenstopper = 1. Kette mit eingespleißtem Tau am Ende zum Abstoppen von Festmachedrähten. 2. Vorrichtung zum Sichern der Ankerkette
Kimm = der sichtbare Horizont
Klabautermann = legendärer Schiffskobold
Klüse = mit gerundetem Stahl ausgekleidete Öffnung in der Bordwand zur Führung von Ankerketten und Festmacheseilen
Kollision = hier: Zusammenstoß zweier Schiffe oder eines Schiffes mit anderen Objekten
Kondemnation = Feststellung durch einen Experten, dass ein versichertes, beschädigtes Schiff nicht mehr repariert werden kann bzw. sich die Reparatur nicht mehr lohnt
Kortdüse = ringförmige Ummantelung der Schiffsschraube, die den Propeller-Wirkungsgrad erhöht.
Krängung = die kurzzeitige, durch Wind oder Seegang hervorgerufene seitliche Neigung des Schiffes
Kreuzsee = für die Schifffahrt gefährlicher Seegang aus zwei sich kreuzenden Richtungen
Kurs = Die Richtung, die ein Schiff ansteuert, wird in Winkelgrad angegeben.
Laschen = festzurren beweglicher Gegenstände an Bord
Leck, Leckage = 1. Undichtigkeit, durch die Wasser ins Schiff eindringt. 2. Undichtigkeit von Behältern, durch die Flüssigkeit austritt.
Lee = dem Wind abgewandte Seite des Schiffes. Gegenteil: Luv
Lee machen = Das Schiff quer zum Wind legen, sodass an der Leeseite des Schiffes ein windgeschützter Bereich entsteht.

leichtern = den Tiefgang eines Schiffes durch Löschen einer Teilladung verringern
Leinenwurfgerät = Raketenapparat, der eine dünne Leine abschießt, um eine Verbindung zwischen zwei Schiffen bzw. vom Land zum Schiff und umgekehrt herzustellen. Mittels dieser Leine können stärkere Leinen und Trosse nachgeholt werden. So sind Hilfeleistungen durch Abbergen oder Abschleppen möglich.
lenzen = ein Schiff leerpumpen (Lenzpumpen)
Lenzpforten = verschließbare Öffnungen in der Schiffsseitenwand zum Ablaufen des Wassers
LOF = Lloyd's Open Form – der klassische Bergungsvertrag auf Basis ›kein Erfolg – keine Zahlung‹. Neuerdings sieht der LOF-Vertrag auch Prämien für die Berger vor, wenn das havarierte Schiff zwar verloren geht, jedoch Umweltschäden vermieden werden.
löschen = ein Schiff entladen
Luv = dem Wind zugewandte Seite des Schiffes. Gegenteil: Lee
MARPOL = International Convention for the Prevention of Maritime Pollution by Ships, auf Deutsch: internationales Übereinkommen zur Verhinderung der Meeresverschmutzung durch Schiffe
Mayday = internationaler Sprechfunk-Notruf, bedeutet: ›Helfen Sie mir‹
Morgenwache = Wache vier bis acht Uhr morgens
Nautik = Schifffahrtskunde. Sie umfasst alle Gebiete, deren Beherrschung zur Führung eines Schiffes erforderlich sind.
Nautiker = ein durch staatliche Befähigungsnachweise legitimierter Seemann
Navigation = ein Schiff über See führen, insbesondere Standort- und Kursbestimmung
Nebelhorn = Signalhorn, das auf Schiffen oder an der Küste bei Nebel eingesetzt wird
Nebelsignale = durch die Seestraßenordnung vorgeschriebene Schallsignale der Schiffe bei Nebel oder sonstiger wetterbedingter Sichtbehinderung
Notanker = zusätzlicher Anker auf Schiffen
Pall = Sperrklinke, die durch Einrasten in den Pallkranz eines Spills oder einer Winde deren Rücklauf sperrt
peilen = 1. Die Richtung zu einem anvisierten Ziel bestimmen. 2. Den Inhalt eines Tanks mithilfe von Peilstock oder Bandmaß feststellen.
Pfahlzug = Maß für die Zugkraft eines Schleppers
Recker = sehr dickes Kunststofftauwerk, das die beim Schleppen von Anhängen auftretenden Kräfte aufnimmt und die Belastung auf den Schleppdraht erheblich reduziert
Reede = Ankerplatz außerhalb des Hafens
Reling = offenes Schiffsgeländer zur Begrenzung des Decks
Rescue-Zone = Bereich an Bord zur Aufnahme Schiffbrüchiger
rollen = Drehbewegung um eine Querachse
Schäkel = aus Stahl gefertigter Schraubbügel, um Taue oder Ketten miteinander zu verbinden
Schanzkleid = festes, geschlossenes Geländer um ein freies Deck. Überkommendes Wasser kann über Wasserpforten abfließen.
Schlagseite = andauernde Schräglage eines Schiffes
Schleppbügel = Stahlrohre, die das Aufsetzen des Schleppdrahtes auf Deck verhindern
Schleppdraht = geschlagenes, verzinktes Stahlseil, das auf einer Schleppwinde aufgerollt ist
Schlepper = starkes, wendiges Spezial-Motorschiff zum Abschleppen antriebsloser oder havarierter Schiffe, zum Bugsieren großer Schiffe im Hafenrevier und für ähnliche Aufgaben. Man unterscheidet Hochseeschlepper, Revier-, Hafen- bzw. Seeassistenzschlepper, Kanal- und Flußschlepper.
Schleppgeschirr = gesamte Ausrüstung, die für das Schleppen eines Schiffes notwendig ist
Schlepp-Pins = Schlepp-Pins werden hydraulisch aus der Heckverschanzung eines Schleppers gefahren. Sie engen den Bewegungsspielraum des Schleppdrahts in der Regel auf die Schiffsbreite ein, sodass der Draht bei Entlastung nicht unkontrolliert nach Back- oder Steuerbord schlägt.
Schleppstander = Schleppdrähte unterschiedlicher Länge, die man durch Schäkel miteinander verbinden kann
Schlepptrosse = Stahldraht oder Kunststoffseil zum Schleppen von Schiffen
Schleppwinde = Aufspulvorrichtung für den Schleppdraht
Schleppzug = Gesamtverband von Schleppern und Anhang
schlingern = durch Seegang verursachte Drehbewegung des Schiffes um seine Längsachse (rollen)
Schottelschlepper = Schlepper mit um 360 Grad drehbaren Propellern in Kortdüsen, die gleichzeitig die Funktion des Ruders übernehmen
Schotten = stählerne Trennwände im Schiff, die im Falle eines Wassereinbruchs die Wassermassen eindämmen und das Schiff vor dem Untergang bewahren sollen
Seegang = Wellenbewegung auf See, wird in verschiedene Stärkegrade von 0 bis 10 eingeteilt
Seenot = Zustand höchster Gefahr für Besatzung und Schiff, die aus eigener Kraft nicht abgewendet werden kann
Seilhülse = Stahlbügel, der am Ende eines Drahtes eingegossen wird
SOS = Save Our Souls, deutsch: ›Rettet unsere Seelen‹. Internationales Seenotzeichen
Seetüchtigkeit = kennzeichnet die Qualität eines Schiffes hinsichtlich Bauausführung, Seeverhalten, Ausrüstung, Bemannung und Schiffsführung

Spant = rippenartige Querversteifungen, die dem Schiffskörper seine Form geben und auf denen die Außenhaut befestigt ist
Spill = Winde zum Hieven von Anker, Tauen und Trossen
Spring = Festmacheleinen, die verhindern, dass sich ein Schiff an der Pier oder längsseits bei anderen Schiffen in der Längsrichtung bewegen kann
stampfen = durch Seegang verursachte Bewegungen eines Schiffes um die Querachse, das Ein- und Austauchen der Schiffsenden
Stand-by = deutsch: in Bereitschaft
stranden = Aufgrundlaufen eines Schiffes
Strecktau = bei Schlechtwetter über das Deck gespanntes Sicherheitstau zum Festhalten
stroppen = Seilschlingen
Tidenstrom = der regelmäßig mit Ebbe und Flut die Richtung wechselnde Gezeitenstrom
Trift = Ortsveränderung durch Wind oder Meeresströme ohne besondere Eigenbewegung
trimmen = ein Schiff durch entsprechende Beladung in die gewünschte Schwimmlage bringen
Trosse = dickes Fasertauwerk oder Drahtseil zum Festmachen oder Schleppen/Schleppleine
unterschneiden = Schiffsbewegung, bei der das Vorschiff in eine Welle eindringt und die Wassermassen auf die Back stürzen
Untiefe = flache Stelle inner- oder außerhalb des Fahrwassers
VTS = Vessel Traffic Service. Verkehrsüberwachungs- und Informationszentrale zur Erhöhung der Sicherheit im Schiffsverkehr. In Deutschland vorgehalten und betrieben vom Wasser- und Schifffahrtsamt bzw. von den Hafenbehörden.
Vorpiek = der vorderste unterste Raum im Schiff. Dient als Tank für Ballastwasser und Frischwasser
Wasser machen = wenn durch ein Leck Wasser in das Schiff eindringt
Wetterdeck = freies Deck
Wetterseite = die Richtung, aus der gewöhnlich das schlechte Wetter oder der Wind kommt
Windstärke = Einteilung des Windes nach Windgeschwindigkeiten, vgl. Beaufort-Skala
winschen = mit einer Seilwinde (Winsch) ziehen
Wrack = gesunkenes, gestrandetes oder sonst wie untauglich gewordenes Schiff

DANKSAGUNG

Nun habe ich es geschafft. Das meiner Kenntnis nach erste Buch zur Notschlepper-Thematik ist fertig und ich bin auf die Reaktionen der Leserschaft gespannt, zumal dieses Buch, wie es wohl ein wenig auffallen dürfte, etwas »foto-lastig« daherkommt.

Allerdings hätte ich das Buch ohne Hilfe und Unterstützung vieler Menschen sicher nicht fertiggebracht. Einige von ihnen möchte ich hier nennen:

Zunächst einmal muss ich da »die drei von der Reederei« nennen. Jürgen Hinrichs, Erik Tamm und Norbert Witing hatten nicht nur die Bauaufsicht in Wolgast, sondern auch noch mich am Hals. Ihrer Hilfestellung vor Ort verdanke ich sehr viel.

Ähnliches trifft auch auf ihre Kollegen Robert Nüss und Uwe Schmidt zu, die ab Sommer 2010 auch mit dabei waren.

Da ich ja nun Foto-Journalist bin, wobei die Betonung auf dem ersten Teil des Doppelwortes liegt, brauchte ich ein wenig schreiberische Unterstützung – so von wegen zu lange Sätze und eine Vorliebe zur Substantivierung. Davor – fast – bewahrt hat mich Karin Peters. Danke!

Weiterhin ganz besonderen Dank schulde ich auch Andreas Wulf. Ohne ihn hätte es das Modellbaukapitel in diesem Buch nicht gegeben. Zudem stand er mir auch als Berater für maritime Fachbegriffe zur Seite.

Namentlich möchte ich mich auch bei der Reederei Bugsier bedanken. Hajo Schuchmann ging als Geschäftsführer das Risiko ein, einem ihm nur sehr wenig bekannten Foto-Journalisten vollen Zutritt auf sein Schiff zu gewähren – danke dafür! Und ganz besonders bedanken möchte ich mich bei Carsten Wibel. Ohne ihn hätte es wohl das gesamte Projekt überhaupt nicht gegeben.

Dank schulde ich auch dem werftseitigen Projektleiter Bernard Patorra für die Organisation meines Zugangs zur Werft und einiges an Infos

und

den beiden Fairplay-Geschäftsführern Jörg Mainzer und Frank Herzer nebst den Besatzungen FAIRPLAY 26 und BALTIC für viele Infos und den Zugang auf die Schiffe

und

Thomas Bantle, Geschäftsführer in Koehlers Verlagsgesellschaft, dass er dem Buchprojekt spontan eine Chance bot und seine Lektorin Keren Bewersdorf und Grafikerin Nicole Marquardt mit dessen Umsetzung betraute.

Sehr gefreut hat mich zudem die erfahrene Unterstützung des Havariekommandos, namentlich seines Leiters Hans-Werner Monsees und seiner Pressestelle, bei meiner Recherche zu den Notschleppern in Europa. Bei diesem Thema stand mir auch Arne Peters hilfreich zur Seite.

Vielen, vielen Mitarbeitern der P&S Werften und diverser Subunternehmen danke ich für viele, viele beantwortete Fragen und duldsames sich bei der Arbeit fotografieren lassen. Ihre Namen habe ich meist nicht erfahren oder schlimmer noch, nicht im Gedächnis behalten. Stellvertretend für alle möchte ich Matthias Kelber nennen, der für mich nicht nur die technischen Daten der NORDIC zusammenstellte.

Ihnen allen biete ich an, wenn sie sich auf den Bildern im Buch wiedererkennen, ihnen diese Fotos zur Erinnerung zuzuschicken.

Zum Schluss noch ein Dank, wie er wohl nicht unbedingt üblich ist: an mich selbst! Und zwar dafür, durchgehalten zu haben und auch für die klare Erkenntnis: Viel schreiben und lange am Schreibtisch sitzen sind nicht gerade meine Lieblingsbeschäftigungen.

Danke Ihnen allen!

MTU Baureihe 8000 für den Gasschutzbetrieb

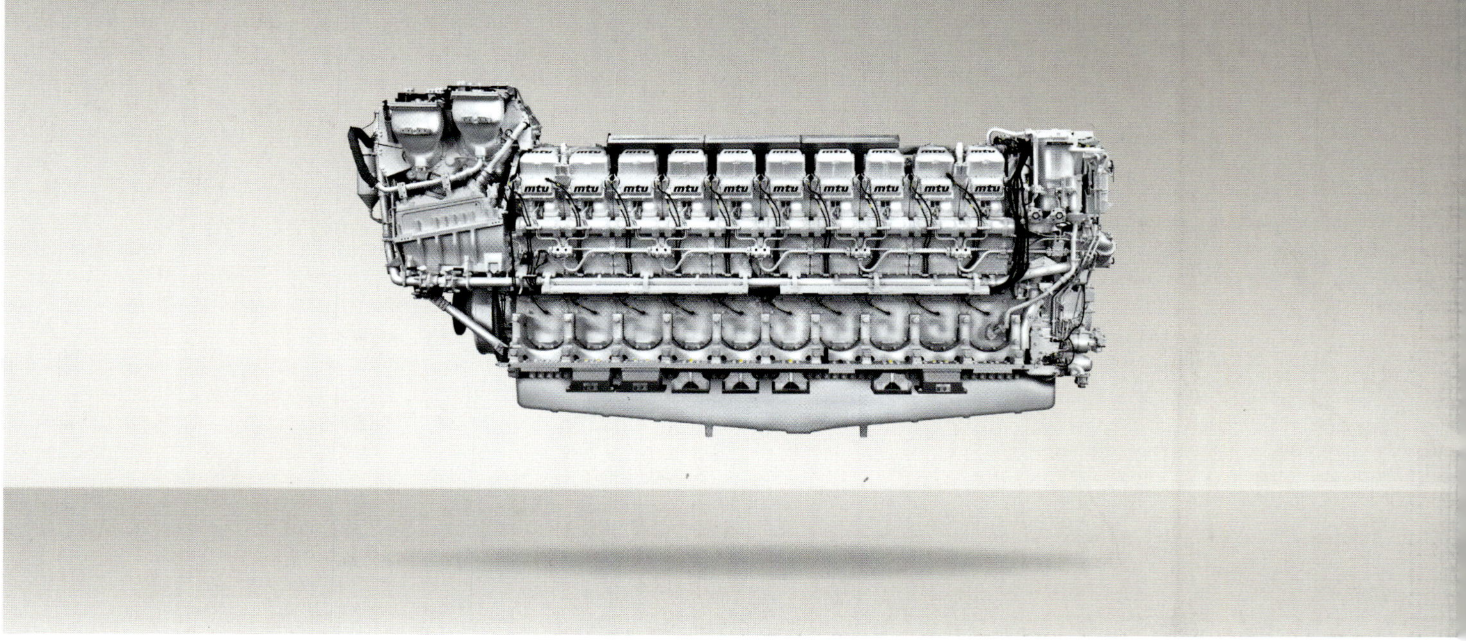